[美] 珍妮特·贝辛格（Janet Beissinger）　著

维拉·普莱斯（Vera Pless）

希格玛工作室　译

写得如此迷人的**数学**读物是十分罕见的

The Cryptoclub: Using Mathematics to Make and Break Secret Codes

密码俱乐部

——用数学做加密和解密的游戏

上海教育出版社

SHANGHAI EDUCATIONAL
PUBLISHING HOUSE

Janet Beissinger and Vera Pless

The Cryptoclub: Using Mathematics to Make and Break Secret Codes 1st Edition

ISBN 978-1-56881-223-6

All Rights Reserved. Copyright©2006 by CRC Press.

Authorized translation from the English language edition published by CRC Press,

a member of the Taylor & Francis Group, LLC.

Simplified Chinese translation copyright ©2021 by Shanghai Educational Publishing House.

本书中文简体字翻译版由上海教育出版社出版

版权所有，盗印必究

上海市版权局著作权合同登记号图字09-2020-812号

Copies of this book sold without a Taylor & Francis sticker on the cover are unauthorized and illegal.

本书封面贴有Taylor & Francis公司防伪标签，无标签者不得销售.

图书在版编目（CIP）数据

密码俱乐部：用数学做加密和解密的游戏 / (美)珍妮特·贝辛格，

(美)维拉·普莱斯著；希格玛工作室译. — 上海：上海教育出版社，2021.3（2022.2重印）

（趣味数学精品译丛）

ISBN 978-7-5720-0556-5

Ⅰ. ①密… Ⅱ. ①珍… ②维… ③希… Ⅲ. ①密码学 – 普及读物

Ⅳ. ①TN918.1-49

中国版本图书馆CIP数据核字(2021)第036837号

责任编辑　周明旭

封面设计　陈　芸

趣味数学精品译丛

密码俱乐部

Mima Julebu

——用数学做加密和解密的游戏

[美] 珍妮特·贝辛格　维拉·普莱斯　著

希格玛工作室　译

出版发行	上海教育出版社有限公司	
官　　网	www.seph.com.cn	
地　　址	上海市闵行区号景路159弄C座	
邮　　编	201101	
印　　刷	上海颛辉印刷厂有限公司	
开　　本	890×1240　1/32　印张 8.25　插页 1	
字　　数	178 千字	
版　　次	2021年3月第1版	
印　　次	2022年2月第2次印刷	
书　　号	ISBN 978-7-5720-0556-5/O·0001	
定　　价	38.00 元	

如发现质量问题，读者可向本社调换　电话：021-64373213

目　录

前　言

　　《密码俱乐部》是一本介绍密码学的精彩图书.作为一名长期从事该领域研究的数学家,我对本书中所提供的材料的准确性、清晰性、相关性非常满意.我相信这本图书为学生们提供了一个极好的机会,来学习不仅有趣而且隐藏在日常生活中并发挥重要作用的数学应用.信息加密不仅被学生和政府用来保守通信秘密,而且也被银行和其他企业用来维护敏感信息的安全.随着网络交易越来越频繁,加密技术显得越来越重要.

　　很多人对于数学有误解,他们认为数学是一门发展成熟的学科,几乎所有的知识内容几百年前就已知晓了.而密码则可以看作是一个窗口,一个展示数学的开放问题和不断变化本质的窗口.特别是数论,它经常被认为与现实生活的关联性很小,只是数学家的游戏.在这本书中,我们将彻底颠覆这种观点.

　　除了通过整合各种数学知识(分解因数、幂、模运算,等等),并以具体的方式来使用它们,本书的作者还通过以下方式来激励读者:通过检验各种不同的加密技术的效率,培养读者的批判性思维和实践精神.我相信,通过讲述一个连贯的故事,作者能够吸引并持续吸引读者的兴趣,使他们读完整本书.

毫无疑问,本书会是数学课程的有益的、有吸引力的补充读物.

如果我在学生时代曾遇到这样的书,它无疑会让我受益无穷.

罗纳德·格莱(Ronald L.Graham)

写于加利福利亚大学圣选戈分校

(University of California at San Diego)

序　言

在 20 世纪 70 年代,人们发现了一种新型密码,从而改变了发送秘密信息的方式.这意味着,他们并不需要事先商定将要使用的密码的细节.这种密码出现的时机很好,此时人们刚开始使用因特网,这种被称为公共密钥密码的新型密码,使商务人士及普通大众保证沟通安全的要求得到满足.

有一种公共密钥密码使用了素数.令人高兴的是,学生也能理解公共密钥密码的部分内容.由于中学时大家都学习了素数与分解因数,因此为何不学习一下这些密码知识呢?

随着思考的深入,我们越发意识到,中学生已有的数学知识已经足以囊括很多有趣的密码.在这些密码中,其中有一种在很久以前就被应用到战争中,它所涉及的数学知识无非加减运算.另外有一种维热纳尔密码,它被应用于美国内战,甚至在 20 世纪时它还曾被认为是不可破译的.就是这样"复杂"的密码,当今的中学生居然利用公因数就能破译(只要密钥不是太长).

我们相信,学习密码将成为探索数学的一条很有趣的途径.它能够激发各种年龄阶段的人对神秘和秘密的天然好奇心.在学习过程中,我们还将讲述那些使用密码和误用密码的历史故事.除了与数学相关的故事,我们还呈现了另外一些故事———一些与中学生在社会课程中所学习的知识有关,还有一些仅仅是用于提高兴趣.

本书不仅可以在课堂中使用,而且可以供那些对密码感兴趣的孩子自学或小组共同学习.本书在美国 5 至 8 年级的学生中试用过,试用形式包括:正规的数学课,资优班,辅导班,数学兴趣班,课外活动,博物馆体验营,以及整合了社会、数学、语言艺术等知识的交叉课程班.其中参与试用的一些学生已经阅读过本书,有的在课外阅读活动中,有的在家校环境中.我们发现这些能力各异的学生都很喜欢开头的几个章节,一些能力强的学生和独立学习者喜欢挑战书中最后的几个章节.

如果你不是在课堂上使用本书,你依然可以阅读并享受本书.书中那些要向他人发送信息或者共同游戏的环节,你找一个朋友就能完成.考虑个别特殊情况,在本书某些章节中,我们也给出了一些独立完成游戏的变通方案.

练习本及教师指导书

这本书有一本配套的练习本①.它包含了书中的所有练习,并提供了写答案的空格.建议你使用练习本,因为它可避免你将长长的信息抄到自己的本子上时抄错了.

这本书还配有一本教师指导用书,它包含了教学建议及密

---

① 此处提及的练习本和下文提及的教师指导用书并没有与本书一起引进出版,但读者可以自己尝试破译书中的密码,从而获得意想不到的乐趣.——译者注

钥.如果需要购买(英文版)练习本或教师指导书,可以与 A K 皮特斯出版社(A K Peters)联系.

密码俱乐部成员

本书中的密码俱乐部的孩子们并不是真实存在的,但是书中的部分故事是真实的.本书作者之一的珍妮特·贝辛格(Janet Beissinger)的孩子们名叫詹妮(Jenny)、丹(Dan)、蒂姆(Tim)、艾比(Abby)、彼得(Peter),另一位作者维拉·普莱斯(Vera Pless)的孙子孙女们名叫伊薇(Evie)、丽拉(Lilah)、贝基(Becky)、杰斯(Jesse).曾经有一位教师为了教训学生,的确将学生传的纸条的内容大声地读给全班学生听.艾比和詹妮的外祖父及他们的妈妈的确在尼皮贡河(Nipigon River)边发现了银矿——后来又找不到了(不过艾比的外祖父并没有写下书中所提到的那封密信).当教师告诉蒂姆 2+2 的结果恒等于 4,这是一条必须接受的规律,蒂姆也确实尝试去寻找一个 2+2 不等于 4 的反例.杰斯的确比其他孩子晚一些参加密码俱乐部——因为当我们撰写第 3 章的内容时他出生了.

当你读本书时,请试着听听这些密码俱乐部成员的对话.他们也许问了你想问的问题.你也可以想象自己和朋友们以相同的方式讨论如何解决问题.他们的对话反映了我们的信念:用不同的方式来解决数学问题会很有趣,寻找将问题变简单的方法也很有趣.我们乐于挑战问题,并且乐于逐步逐层解决问题.当我们将问题解决时会很开心.希望你也能如此.

致　谢

作者特别鸣谢以下在写作过程中曾给予帮助的人们：

艺术顾问

Daria Tsoupikova

School of Art and Design

Electronic Visualization Laboratory

University of Illinois at Chicago

项目评估师

Kyungsoon Jeon

Linda Schembari

Cynthia Mayfield

网页设计师

Rong Zeng

Yu Huang

Dov Kaufman

数学顾问

Jeremy Teitelbaum

Department of Mathematics, Statistics and Computer Science

University of Illinois at Chicago

数学教育顾问

Andy Isaacs

Center for Elementary Mathematics and Science Education

University of Chicago

参与试验的教师

我们感谢以下教师,他们试验了本书的各个组成部分的设计稿并及时反馈.他们的建议对我们很有帮助.

Lynne Beauprez

Brooks Middle School

Oak Park, Illinois

Cathy Blake

Yeokum Middle School

Belton, Missouri

Sharlene Britt

Carson Elementary School

Chicago, Illinois

Mary Cummings

Yeokum Middle School

Belton, Missouri

E. Michael Einhorn

Nash Elementary School

Chicago, Illinois

David Genge

Stowe School

Chicago, Illinois

Katherine Grzesiak
Eastlawn Elementary School
Midland, Michigan

Deborah Jacobs-Sera
Greater Latrobe Jr. High
Latrobe, Pennsylvania

Jamae Jones
Foster Park Elementary School
Chicago, Illinois

Stacy Kasse
Taunton Forge School
Medford, New Jersey

Catherine Kaduk
Ranch View School and River
Woods School
Naperville, Illinois

Kristen Kainrath
Prairie School

Naperville, Illinois

John King
Henry Nash Elementary School
Chicago, Illinois

Erin Konig
Carson Elementary School
Chicago, Illinois

Susan Linas
George Washington Middle School
Lyons, Illinois

Reshma Madhusudan
Young People's Project
Chicago, Illinois

Robin Masters
Frances W. Parker School
Chicago, Illinois

Bridget Rigby
Tech Museum of Innovation
San Jose, California

Mary Rodriguez
Lara Academy
Chicago, Illinois

Kathryn Romain
Central Middle School
Midland, Michigan

Patricia Smith
Medill Elementary School
Chicago, Illinois

John Stewart
Carson Elementary School
Chicago, Illinois

Patricia Ullestad
River Woods School
Naperville, Illinois

Denise Wilcox
Fredrick Elementary School
Grayslake, Illinois

Noreen Winningham
Orrington Elementary School
Evanston, Illinois

Kam Woodard
Young Women's Leadership
Academy
Chicago, Illinois

学生

以下两位学生独立阅读了本书的一个版本的设计稿,并且提出了建议.我们非常感谢他们的宝贵建议.

Eva Huston

Adam Jacobson

制作人员

我们感谢艾莉卡·拉尔森(Erika Larson)为本书及练习部分

准备了几个版本的设计稿,感谢恩里克·舍妮-利玛(Henrique Cirne-Lima)提供了部分图稿.

我们感谢卡洛琳·雅婷(Carolyn Artin),她为本书提供了专业的编辑工作,并提出几条建议,提高了稿件质量.

我们也要感谢克劳斯·皮特斯(Klaus Peters),以及 A K 皮特斯出版社的员工,特别是编辑部门的夏洛特·亨特森(Charlotte Henderson),以及项目经理艾莉卡·舒尔茨(Erica Schultz).和他们合作非常愉快.

第 1 章

密码学入门

恺撒密码

艾比(Abby)给她的朋友伊薇(Evie)写了一张小纸条.为了避免被其他人看到内容,她用力地将纸条折紧,在没人留意的时候,将小纸条塞给了伊薇.可惜,她们的老师把这一切都尽收眼底了.老师把纸条拿走,并且当着全班同学的面把纸条的内容大声地读出来.

艾比为此很苦恼.要是她知道如何运用密码,那该有多好!那她就可以用密码来传递信息,从而避免碰上这样的尴尬事了.

什么是密码学

密码学是一门关于如何传递秘密信息的科学.在几千年前,人们就已经在传递秘密信息了.士兵之间传递秘密信息,以使敌人无法了解作战计划;朋友之间传递秘密信息,以保密重要讯息;今天,人们在网上购物时使用密码,以便保证信用卡账号安全.

人们经常用"秘密代码"这一术语来表示一种将普通信息转

变为秘密信息的方法.1776 年的美国独立战争中,波士顿的情报员保罗·瑞维尔(Paul Revere)收到一条非常简单的代码,包含了英国军队的行军信息.这组代码用悬挂在教堂钟楼上的灯笼表示:如果英军走陆路,那么挂出一盏灯;如果他们走水路,那么挂出两盏灯.

在密码学中,"密码"一词也被用来特指秘密代码的类型,即将一条信息的每个字母转变成另一个字母或符号的方法.恺撒密码是世界上最古老的密码之一.2 000 多年前,恺撒大帝(Julius Caesar)用这种密码和他的罗马帝国的将军们交换信息.

在恺撒密码中,字母按字母表顺序移动了一定的位置,这样每个字母可以被移动相应位置后的另一个字母所替代.比如,移动 3 位的恺撒密码如下表所示.

明文	a	b	c	d	e	f	g	h	i	j	k	l	m	n	o	p	q	r	s	t	u	v	w	x	y	z
密文	D	E	F	G	H	I	J	K	L	M	N	O	P	Q	R	S	T	U	V	W	X	Y	Z	A	B	C

移动 3 位的恺撒密码

这种密码把 a 变成 D,把 b 变成 E,依此类推.比如,用这个密码加密,Abby 就变成 DEEB:

Abby

DEEB

把原始信息变成秘密信息的过程称为加密.把秘密信息还原成原始信息的过程称为解密.

加密前的信息称为明文,加密后的信息称为密文.为了避免混乱,我们将明文用小写字母表示(除非该字母是句子以及姓名的首字母),将密文用大写字母表示.

练习

1.(1) 用移动 3 位的恺撒密码加密"keep this secret".

(2) 用移动 3 位的恺撒密码加密你的某位老师的名字.

2.破译下列谜语的答案.这些答案是用移动 3 位的恺撒密码来加密的.

(1) 谜语:What do you call a sleeping bull?(你怎么称呼一头睡着的公牛?)

答案:D EXOOGRCHU.

(2) 谜语:What's the difference between a teacher and a train?(老师与火车的区别是什么?)

答案:WKH WHDFKHU VDBV "QR JXP DOORZHG." WKH WUDLQ VDBV "FKHZ FKHZ."

为了迷惑那些可能会看到密文的人,你可以将字母按字母表顺序移动到任意位置.下面的这个表格表示将字母移动了 4 位的恺撒密码.

明文	a	b	c	d	e	f	g	h	i	j	k	l	m	n	o	p	q	r	s	t	u	v	w	x	y	z
密文	E	F	G	H	I	J	K	L	M	N	O	P	Q	R	S	T	U	V	W	X	Y	Z	A	B	C	D

移动 4 位的恺撒密码

3. 请解密下面伊薇写给艾比的便条.她使用的是如上页表所示的移动 4 位的恺撒密码.

WSVVC. PIX'W YWI GMTLIVW JVSQ RSA SR.

4. 用移动 3 位或 4 位的密码给某个人的名字加密.他可以是你所在班级或学校的某个人,也可以是你在学校里听说过的某个人.(你可以用这个方法来玩密码卡片的游戏,这个游戏后文将有介绍)

提示

你可以利用方格纸来写信息,每格写一个字母.也可以利用横线纸:将横线纸旋转 90 度,于是那些横线就变成了竖线,从而将纸分为几列,你就可以把字母按列书写了.

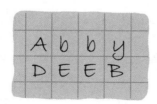

游戏:密码卡片

先选出某个人作为"密码使者"."密码使者"在黑板上写下一

条密文(例如一个名字或者一条信息),然后将移动的位数告诉其他参与游戏的人.第一个完成破译的人将成为新的"密码使者",并在黑板上写下新的密文.

密码盘

为了方便使用密码,需要一个如下图所示的密码盘.有了这个密码盘,只要移动内部的轮盘,就可以轻松地将字母移动到任意位置.

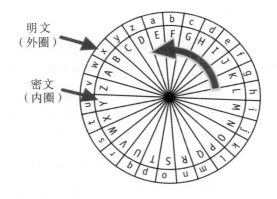

移动 4 位的密码盘

 游戏:做一个密码盘

利用附录中的密码盘材料,制作密码盘.具体做法如下:

剪下这两个圆形的密码轮.把小的密码轮放在上面,并把一枚图钉穿过两个密码轮的圆心,从而将这两个圆盘固定在一起.(注意:一定要把图钉穿过圆心,否则密码盘不能顺畅地转动)

提示：使用密码盘的要点

- 密码盘的外圈是明文(小写字母).
- 密码盘的内圈是密文(大写字母).
- 将密码盘内圈的密码轮按递时针方向旋转.

练习

5. (1) 用移动 5 位的密码盘加密"private information".

(2) 用移动 8 位的密码盘给你就读的学校名称加密.

用你制作的密码盘破译下面这些谜语的答案.

6. 谜语：What do you call a dog at the beach?（你怎么称呼一只在海滩上的狗?）

答案(移动 4 位的密码)：E LSX HSK.

7. 谜语：Three birds were sitting on a fence. A hunter shot one. How many were left?（三只鸟停在篱笆上.一个猎人打死了一只.还剩下几只?）

答案(移动 8 位的密码)：VWVM. BPM WBPMZANTME IEIG.

8. 谜语：What animal keeps the best time?（什么动物最守时?）

答案(移动 10 位的密码)：K GKDMRNYQ.

9. 编一个谜语,并加密答案.把你的谜面和答案写在白板或者纸上(指明密码的移动规律),在班级里交流.

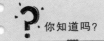

你知道吗?

小孤儿安妮与米德奈特队长

在 20 世纪 30 年代晚期,孩子们放学后就聚集在收音机旁,收听关于小孤儿安妮(Little Orphan Annie)的最新故事.安妮是个红头发孤儿,她与一只叫桑迪的狗一起经历了许多令人兴奋的冒险故事.故事情节每天更新.如果你想知道在下集故事中将会发生什么,你必须用"小孤儿安妮解码器"来破译线索.在节目中,安妮称这个解码器为"密码 O 图",它是一个密码盘,就像本书中的密码盘那样,听众可以用阿华田(Ovaltine)产品包装盒的标签来换取.

"小孤儿安妮"停播后,阿华田公司又赞助了另一个无线电节目——打击犯罪的米德奈特队长(Captain Midnight).米德奈特队长的助手也有一个密码 O 图,他经常用它来向华盛顿发送信息.函购密码 O 图的听众成为米德奈特队长"罪恶追击秘密中队"的队员,他们能够解密节目主持人播出的关于下集内容的信息.

用数传递信息

一些学生在传递秘密信息,詹妮(Jenny)是其中一员.她喜欢将字母转换成数来加密.比如,她用 0 来替代 a,用 1 来替代 b,用 2 来替代 c,依此类推.

a	b	c	d	e	f	g	h	i	j	k	l	m	n	o	p	q	r	s	t	u	v	w	x	y	z
0	1	2	3	4	5	6	7	8	9	10	11	12	13	14	15	16	17	18	19	20	21	22	23	24	25

密码条

利用将字母转换成数,詹妮把自己的名字加密成以下的形式:

Jenny
9 4 13 13 24

 游戏:传帽子

(1) 用转换成数的方法来加密某位老师的名字.与同学核对

一下你的答案.

（2）用转换成数的方法来加密你自己的名字.将你加密后的名字放入老师准备好的"帽子"中.

（3）依次传递帽子,并从中拿出一个名字.解密这个名字,并把它还给它的主人.

练习

1.用詹妮的方法破译以下的谜语.

（1）谜语：What kind of cookies do birds like?（鸟儿喜欢什么种类的饼干?）

答案：2, 7, 14, 2, 14, 11, 0, 19, 4 2, 7, 8, 17, 15.

（2）谜语：What always ends everything?（什么总是能终结所有事情?）

答案：19, 7, 4 11, 4, 19, 19, 4, 17 6.

詹妮很快就用数字方法加密了她的信息,但她也意识到别人很容易就能猜到她的加密方法.她了解了恺撒密码后,决定将其与她的数字方法相结合.她将密码条中的数移动了 3 个位置,然后得到如下所示的新密码条.

a	b	c	d	e	f	g	h	i	j	k	l	m	n	o	p	q	r	s	t	u	v	w	x	y	z
3	4	5	6	7	8	9	10	11	12	13	14	15	16	17	18	19	20	21	22	23	24	25	0	1	2

移动 3 位的密码条

2. (1) 用原来的密码条加密"James Bond".

(2) 用移动 3 位的密码条来加密"James Bond".

(3) 怎样运用算术方法,直接从第(1)题的答案得到第(2)题的答案? 请简单描述.

詹妮意识到:计算带数字的恺撒密码,她并不需要密码盘,只需要运用算术知识即可.例如,要加密字母 j,她只需这样做:

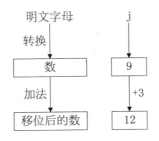

为了给她兄弟的名字 Daniel(丹尼尔)用移动 4 位的方法加密,詹妮将字母转化为数,并且把每个数都加上 4.

明文	D	a	n	i	e	l
数	3	0	13	8	4	11
移位后的数	7	4	17	12	8	15

练习
••••

3. 用给定的移位数给下列单词加密.

（1）Lincoln：移动 4 位.

（2）Luke：移动 5 位.

（3）experiment：移动 3 位.

用这三种加密方法加密后,字母 x 分别对应什么?

大于 25 的数

詹妮开始用移动 3 位的方法来加密自己的名字,但是加密字母 y 时碰到了一些麻烦:字母 y 对应 24,但 24＋3＝27."现在该怎么办呢?"她嘀咕道,"我的密码条中并没有 27 这个数."在上一页的移动 3 位的密码条上,字母 y 对应于数 1.

"我知道了,"詹妮说,"在密码条上,那些数都不能超过 25.一旦超过,它们又重新对应 0,1,等等.所以,数 27 与 1 对等."

a	b	c	d	e	f	g	h	i	j	k	l	m	n	o	p	q	r	s	t	u	v	w	x	y	z
0	1	2	3	4	5	6	7	8	9	10	11	12	13	14	15	16	17	18	19	20	21	22	23	24	25
3	4	5	6	7	8	9	10	11	12	13	14	15	16	17	18	19	20	21	22	23	24	25	0	1	2

詹妮的想法可以描述成一个循环往复的圆环,如下页图:

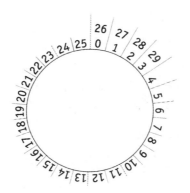

从上图可知,圆环上相同位置的数,地位是相当的,或者说是对应相等的.也就是说,26 相当于 0,27 相当于 1,依此类推.

练习

4. 以下数相当于 0 至 25 之间的什么数?

28　29　30　34　36　52

5. 用一个算术模型,来描述使一个大于 25 的数与一个 0 至 25 范围内的数对应相等的过程.

6. 用给定的数来加密下列单词(所得的结果必须在 0 至 25 之间).

(1) x-ray;加 4.

(2) cryptography;加 10.

要破译恺撒数字密码信息,詹妮只需要用减法.如果她用加 3 来加密,那么要解密只需减 3.比如,她可以用 12－3＝9 来解密,得出 12 对应于字母 j.

练习

7. 以下是詹妮用加 3 来加密的她一个朋友的名字：

14,11,14,3,10.

请解密这个朋友的名字.

8. 谜语：Why doesn't a bike stand up by itself?（为什么自行车不自己立着?）

答案(加 3 加密)：11,22,'21 22,25,17 22,11,20,7,6.

9. 谜语：What do you call a monkey who loves to eat potato chips?（你怎么称呼一只喜欢吃薯片的猴子?）

答案(加 5 加密)：5 7,12,13,20 17,19,18,15.

10. 谜语：What is a witch's favorite subject?（女巫最感兴趣的事是什么?）

答案(加 7 加密)：25,22,11,18,18,15,20,13.

11. 挑战：这是一个用加 3 加密的名字：

22,11,15,15,1.

(1) 用减法来解密.

(2) 解密数 1 时遇到了什么问题? 你要怎么解决这个问题?

负数

艾比用加 6 来加密她的名字.(加密字母 y 得到 30,但她用 4 来代替,当数字循环往复时,4 与 30 对应相等)

詹妮用减 6 来破译艾比的密码数列,但是密码数字 4 让她很困惑,她是这样做的:$4-6=-2$.

"现在该怎么办呢?"她嘀咕道,"什么数对应-2呢?"

密码活动中涉及的数包含了 0 至 25 的所有数.在这个范围以外的数可以对应相等于 0 至 25 的数.这一规律不仅适用于大于 25 的数,同样适用于小于 0 的数.

詹妮发现从 0 往回数 2 格,得到-2.既然 0 对应 26,她从 26 往回数,发现-2对应 24, 24 在密码环中对应 y,她推测在艾比的密码数列中 4 对应字母 y.

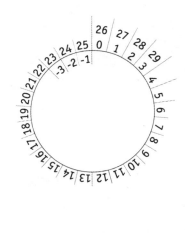

练习

12. 在密码环中,以下数分别相当于0~25的什么数?

26　28　　−1　　−2　　−4　　−10

13. 用一个算术模型,来描述使一个负数与一个0~25的数对应相等的过程.

14. 用减法来解密(负数要用0~25的对应相等的数替换).

(1) 18,11,2,2,3(减去3).　　(2) 3,10,7,18(减去10).

(3) 7,4,13(减去15).

15. 谜语:What do you call a chair that plays guitar?(你怎么称呼一把弹吉他的椅子?)

答案(加10加密):10　1,24,12,20,14,1.

16. 谜语:How do you make a witch itch?(怎样使女巫发痒?)

答案(加20加密):13,20,4,24　20,16,20,18　1,24,11　16.

使计算更容易

艾比和詹妮都认为,当减法产生负数时,解密就变成一件麻烦事.她们决定发明一个简单的方法,以避免出现负数.她们仔细观察包含负数计算的谜语——练习16.

詹妮回顾了解题步骤:"在这个使女巫发痒的谜语中,答案用加 20 加密,所以要解密就要减去 20.比如,为了解密 13,我们得计算 $13-20=-7$."

"我可不喜欢这样做."艾比说,"因为减法计算之后,我还得有一堆工作要做——我必须得加上 26,来使其对应相等于 0 至 25 之间的某个数."

"其实也没这么糟糕."詹妮说,"但如果能找到捷径,感觉更棒."

"看看这些密码环上的数,也许会有帮助."艾比说.

"让我看看."詹妮说,"我们从 13 开始,往回数到 20——这是逆时针方向——直到我们得到 -7,它对应相等于数 19."

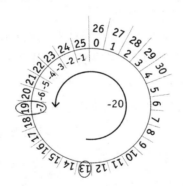

"我同意."艾比说,"减法在数字环中相当于逆时针."

"但是我们也可以从另一个方向(即顺时针方向)沿着密码环直接从 13 得到 19,这有点像加法."詹妮提出了一个不错的想法.

"你的意思是不是我们可以选择做加法还是减法? 这到底是怎么回事呢?"艾比问.

"这是因为我们的计算工具是密码环,不是通常用的数射线."

"好吧.所以,减去 20 等同于加上 6——在一个 26 个数的环上."艾比依然将信将疑,"让我们再尝试另一个例子."

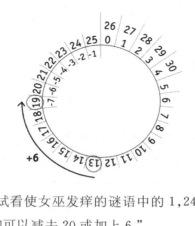

"让我们试试看使女巫发痒的谜语中的 1,24,11." 詹妮建议，"为了解密，我们可以减去 20 或加上 6."

"但我们如何选择用加法还是减法呢?" 艾比有点困惑，"如果我们加上 6，那么解密 1 和 11 比较容易，但是解密 24 却有点困难."

"我们并不需要对每个字母用同样的方法." 詹妮说，"用加 6 来解密 1 和 11，但用减 20 来解密 24. 这两种方法可得到同样的答案. 对每个密码数字，可以选择不同的方法，以达到计算简便的目的."

练习

17. (1) 为了破译练习 15 的谜语，你可以减去 10. 要得到同样的答案，你也可以加上什么数?

(2) 再次破译练习 15 的谜语. 注意要根据需要加上或减去必要的数，以避免过程中产生负数及大于 25 的数.

18. (1) 假设用加 9 来加密一条信息，说出两种解密方法.

(2) 破译以下这条用加 9 来加密的信息. 注意根据需要

加上或减去必要的数,以避免过程中产生负数及大于25的数.

　　5,13　16,9,4,13　14,23,3,22,12　9　1,16,23,0,2, 11,3,2.

　　19.(1) 假设用加5来加密一条信息,说出两种解密方法.

　　(2) 假设用加数字 *n* 加密一条信息,说出两种解密方法. 解决练习 20～23.注意要根据需要加上或减去必要的数,以 使得计算简便.

　　20. 谜语:Imagine that you're trapped in a haunted house with a ghost chasing you. What should you do?（想象你被困在 一个鬼屋中,一个魔鬼在追赶着你,你会做什么?）

　　答案(加 10 加密):2,3,24,25　18,22,10,16,18,23, 18,23,16.

　　21. 谜语:Why must a doctor control his temper?（为什 么医生必须控制他的情绪?）

　　答案(加 11 加密):12,15,13,11,5,3,15　18,15　14, 25,15,3,24'4　7,11,24,4　4,25　22,25,3,15　18,19,3 0,11,4,19,15,24,4,3.

　　22. 谜语:What is the meaning of the word "coincide"? （单词"coincide"的含义是什么?）

　　答案(加 7 加密):3,14,7,0　19,21,25,0　22,11,21, 22,18,11　10,21　3,14,11,20　15,0　24,7,15,20,25.

　　23. 艾比正在学习"life on the frontier"(边境生活)."彼 得(Peter),"她问,"Where is the frontier?"(边境在哪儿?)

解密彼得的回答(加 13 加密):6,20,13,6'5　13　5,21,
24,24,11　3,7,17,5,6,21,1,0　11,1,7　1,0,24,11　20,
13,8,17　13　24,17,18,6　17,13,4　13,0,16　13　4,
21,19,20,6　17,13,4.

 游戏:密码卡片

（游戏规则可参考第 6 页）与前面的密码卡片游戏不同的是，本节游戏采用数字信息，且加密的信息不是名字，而是一些短语或短句.比如，"Quick as lightning"（快如闪电）或者"A penny saved is a penny earned"（节流等于开源）这样的谚语.

 你知道吗?

比尔密码和埋藏的宝藏

传说 1817 年,在美国新墨西哥州(New Mexico)的圣迪菲(Santa Fe)的北部,托马斯·比尔(Thomas J. Beale)和其他 29 人发现了丰富的金矿和银矿,他们开采了大量的金银.安全起见,比尔在弗吉尼亚州(Virginia)靠近贝德福德(Bedford)的地方埋藏了这些宝藏.由于预见到自己可能回不来,他留下一个上锁的铁箱给一位叫罗伯特·莫瑞斯(Robert Morriss)的朋友,并叮嘱他,如果自己十年内没回来,那么才能打开铁箱.莫瑞斯等了比尔 23 年,最终打开了箱子.他找到一封比尔写的英文信,以及三页写满数字的密信.英文信中说明了宝藏的发现过程,并指明了三页数字密信的内容:第一页描述了比尔埋藏宝藏的位置,第二页是宝藏清单,第三页列举了那些一起挖掘宝藏并有权分享宝藏的人的姓名.

　　莫瑞斯花了很多年时间来尝试破译那三页数字密信,但并没有结果.最终,在 1862 年他 84 岁的时候,他将这个秘密托付给一位朋友.那位朋友随后花费了大量时间与金钱来破译,但他仅仅解密了第二页的数字密信.那一页密信中详细地描述了宝藏信息:第一笔宝藏包括 1 014 磅黄金,3 812 磅白银,之后的另一笔宝藏包括 1 907 磅黄金和 1 288 磅白银,以及比尔用白银交换得来的珠宝.但是,莫瑞斯的朋友并没有解密出宝藏在哪里,虽经过多年努力,但始终不得要领.失望之下,他写了一本匿名小册子,描述了这些密码以及他对第二页信函的解密过程,以使其他人能破译剩下的两页密信.

　　比尔密码之谜多年来吸引了大量爱好者.有些人认为这是个骗局,但是还有很多人,包括一些密码专家,认为它是真实可信的.

第 3 节

破译恺撒密码

用密码来传递信息的方法迅速在校园里传播开来.孩子们认为,用这种方法传纸条真是太妙了,因为别人都看不懂.丹(Dan)获悉了恺撒密码,并用加7的方式加密了一条信息给蒂姆(Tim).他在纸条上方写了数字7,以便蒂姆知道如何解密.

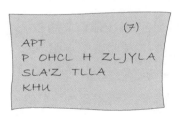

丹给蒂姆的纸条

遗憾的是,伊薇发现了纸条.她猜测他们用了恺撒密码,而且7指的是移动的位数.伊薇通过7这个密钥破译了信息.这件事让男孩们意识到,他们需要保护密钥.那样的话,即使有人猜到他们用了恺撒密码来加密,依然没法解密.

此时,孩子们明白了密码学的基本规则:你应该假设发现密信的人能猜出加密的方法.你需要其他一些东西——例如密钥——来保密.实际上,一个密码系统可以分为两部分:一部分是用来加密的算法(即方法),另一部分是描述算法特征的密钥.在恺撒密码系统中,算法指的是移动字母一定长度的位置(或加上一定的数);密钥指的是要移动的那个特别的位数.一旦发现有人已破解了你的密码系统,你将不必彻底改变你的密码系统——你只需变换密钥就可以了.

丹和蒂姆变换了他们的密钥.他们相信,只要保护好密钥,就能确保不会走漏信息.于是,丹又给蒂姆传递了另一张纸条.

M PMOI IZMI,
FYX HSR'X XIPP
LIV M WEMH WS.

丹给蒂姆的第二张纸条

但是,男孩们错了,伊薇比他们聪明多了.即使丹没有在信息中透露密钥,她也能破译.她解密了整条信息,但当她读懂信息的内容时却面红耳赤.

你能知道伊薇是如何找到密码的密钥吗?

练习

1. 解密丹给蒂姆的第一张纸条上的信息.

2. 解密丹给蒂姆的第二张纸条上的信息.

破译恺撒密码

伊薇发现,能对应于纸条中的单个字母单词的字母很少.(哪些英语单词只有一个字母呢?)她找出了可能的对应,并由此推出可能的密钥.当某个密钥对应的移动中出现了有意义的单词时,她立刻知道自己已经找到了密钥.

练习

3. 观察下面这些谜语答案中的单个字母单词,找出密钥,然后破译这些谜语的答案.

(1) 谜语:What do you call a happy Lassie?（你怎么称呼一只快乐的莱西犬?）

答案:E NSPPC GSPPMI.

(2) 谜语:Knock,knock.

Who is there?

Cash.

Cash who?

(咚,咚.

谁在敲门?

请付款.

付款给谁?)

答案:O QTKC EUA CKXK YUSK QOTJ UL TAZ.

(3) 谜语:What's the noisiest dessert?（最吵闹的甜点是什么?）

答案:W GQFSOA.

4.破译下面这条加密的名言：

HS RSX ASVVC EFSYX CSYV HMJJMGYPXMIW

MR QEXLIQEXMGW,M EWWYVI CSY XLEX QMRI

EVI KVIEXIV.

——艾尔伯特·爱因斯坦（Albert Einstein）

蒂姆和丹不想信息被女孩们破解，于是他们去掉了单词之间的空格：

EWWLHWLWJSFVEWLGFAYZLSLGMJKWUJWLHDSUW.

AZSNWKGEWLZAFYWDKWLGLWDDQGM.

去掉字母之间空格的纸条

女孩们发现了纸条.

"单词之间没有空格."丽拉（Lilah）说，"线索断了."

"千万别放弃."伊薇说，"只要我们能破译一个字母——密码盘就会告诉我们其他的字母.一旦我们知道了那些字母，我们就能分辨空格在哪."

"难道我们得试验密码盘上的每一个移动吗?"丽拉很疑惑.

"不,我们有更聪明的办法."伊薇说，"我曾经听说字母 e 是英语中最常用的字母.让我们找到信息中最常见的字母并将它对应于字母 e."

她统计了信息中所有字母的出现频次表.

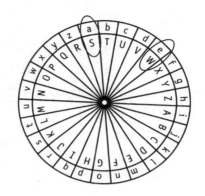

伊薇的字母统计表　　　　　　a-S 密码盘

"W 出现得最频繁."她说,"让我们旋转密码盘,使得 e 对应 W."

于是,她们转动密码盘,并由此得到:在密码盘中字母 a 对应 S.(简称 a-S 密码盘,如上右图)

"看! 这就是男孩们的信息!"伊薇说,

Meetpeterandmetonightatoursecretplace.I
havesomethingelsetotellyou.

"哪怕没有空格我们也能把它读出来."

伊薇的方法很管用,但不是每次都有用.如果把 e 对应于信息中出现频率最高的字母不能得出有意义的信息,那么你就要试试其他常用的字母.

解密下列名言.说出每句名言中用来加密的密钥.

5. PKB KXN KGKI DRO LOCD ZBSJO DRKD
VSPO YPPOBC SC DRO MRKXMO DY GYBU RKBN
KD GYBU GYBDR NYSXQ.

——西奥多·罗斯福(Theodore Roosevelt)

6. JAJS NK DTZ'WJ TS YMJ WNLMY YWFHP,
DTZ'QQ LJY WZS TAJW NK DTZ OZXY XNY
YMJWJ.

——威尔·罗杰斯(Will Rogers)

7. RCAB JMKICAM AWUMBPQVO LWMAV'B
LW EPIB GWC XTIVVML QB BW LW LWMAV'B
UMIV QB'A CAMTMAA.

——托马斯·爱迪生(Thomas A. Edison)

8. QBA'G JNYX ORUVAQ ZR, V ZNL ABG
YRNQ. QBA'G JNYX VA SEBAG BS ZR,V ZNL ABG
SBYYBJ. WHFG JNYX ORFVQR ZR NAQ OR ZL
SEVRAQ.

——阿尔贝·加缪(Albert Camus)

9. OCPAQHNKHG'UHCKNWTGUCTGRGQRNGYJ
QFKFPQVTGCNKBGJQYENQUGVJGAYGTGVQUWEEG
UUYJGPVJGAICXGWR.

——托马斯·爱迪生

10. 挑战.

16,14,23,18,4,2　18,2　24,23,14　25,14,1

12,14,23,3　18,23,2,25,18,1,10,3,18,24,23

23,18,23,14,3,8　23,18,23,14　25,14,1

12,14,23,3　25,14,1,2,25,18,1,10,3,18,24,23.

——托马斯·爱迪生

 你知道吗?

纳瓦霍密语者

在第二次世界大战中,美军中的纳瓦霍(Navajo)密语者扮演了非常重要的角色.美国海军中的一些纳瓦霍战士在纳瓦霍语言的基础上发展出一种密语.他们先用一些简单的英语单词来表示军事用语,然后把这些单词翻译成纳瓦霍语.例如,"submarine"就变成"iron fish",进而被译为"besh-lo".他们还用单词来替代字母.例如,字母"a"用英语单词"ant"来表述,然后被译为"wol-la-chee".他们用这种密语通过收音机与电话来交换秘密信息.除了这些人数很少的纳瓦霍战士之外,美军中很少有人通晓纳瓦霍语言,因此,这套密语很管用.

从 1942 年至 1945 年,纳瓦霍密语者参与了美国海军在太平洋战场上的每一场战役.他们的人数从 29 人增加至 400 人.他们在美军中的作用很大,因此,每个密语者都有一名贴身保镖.美军高级将领曾感叹道:如果没有这些纳瓦霍通讯兵,美军不会取得硫磺岛战役的胜利,而且第二次世界大战的结局会完全不同."二战"后,日本承认他们破解了美军陆军及陆军航空队的密码,但是他们怎么也没办法破解海军所使用的密码.

由于它所具有的潜在应用价值,纳瓦霍密语一直至 1968 年才解禁.虽然纳瓦霍密语者在第二次世界大战中起到了非常重要的作用,但是他们的酬劳却少得可怜.尽管如此,他们的故事总有一天会公之于众.1982 年,美国政府将每年的 9 月 14 日命名为"国家密语者日".2001 年 4 月,在"二战"结束了五十多年后,29 名发明了这种密码的纳瓦霍密语者被授予美国国会金牌奖章(Congressional Gold Medal),美国总统亲自为五名依然健在的密语者中的四名及其他密语者的家庭颁奖.

第 2 章

代入式密码

第 *4* 节

关键词密码法

丹很兴奋,他听说户外运动俱乐部正打算组织一次滑雪旅行.但他又担心,如果妹妹詹妮和她的朋友们先报名参加,就没有那么多名额留给他的朋友们了.他决定给妹妹预留一个名额,等自己的朋友们报完名再告诉她旅行的消息.

与此同时,他要把旅行的相关信息告诉朋友们.消息要加密,这样詹妮就不能看懂了.但用什么密码呢? 他还记得伊薇破解了自己的恺撒密码,把那条发给蒂姆的尴尬信息给解密了.只要推测出一个字母,就能知道该如何移位了.丹觉得采用加法加密的恺撒密码太容易破译了.

丹要采用一种没有模式可循的密码:"我要把字母全都打乱,这样我的密码就无人能够破译了."

丹制作了下页的表格,它没有明显的规律可循.这是一种代入式密码.在代入式密码中,字母表中的每一个字母都由另一个字母来代替.第 1 章中的恺撒密码也是一种代入式密码,但它采取了移位的方式,很容易被破解.

a	b	c	d	e	f	g	h	i	j	k	l	m	n	o	p	q	r	s	t	u	v	w	x	y	z
K	O	C	W	G	Y	L	X	A	U	Z	B	M	V	T	N	J	F	S	D	E	R	H	Q	P	I

"我的代入式密码的缺点就是使用起来太过烦琐.怎么告诉朋友们我的密码是如何代入的,让他们可以读懂我的信息呢?我得把整个表格写给他们."

随后丹阅读了一些介绍关键词密码法的文章.这种密码法正好能解决他所遇到的问题.关键词密码法是一种代入式密码,在其转换表格中使用一个关键词,不但使转换方式简单易懂,也因为没有涉及数字而不像恺撒密码那样容易被破译.

在关键词密码法中,发送者挑选一个关键词和一个关键字母,将关键词写在字母表之下,关键词的首字母与字母表中的关键字母相对齐,然后将剩下的字母按照字母表顺序一一对应于字母表之下,直到所有字母都写到.如果关键词中有重复的字母,那么只在该字母出现的第一次时写下来.

a	b	c	d	e	f	g	h	i	j	k	l	m	n	o	p	q	r	s	t	u	v	w	x	y	z
T	U	V	W	X	Y	Z	D	A	N	B	C	E	F	G	H	I	J	K	L	M	O	P	Q	R	S

关键词 DAN(丹),关键字母 h

比如上面的表格,这个密码的关键词是 DAN,关键字母是

h.从关键词 DAN 的首字母 D 与关键字母 h 相对齐开始,剩下的字母按顺序依次排列其后.

有时候丹的朋友们也叫他丹尼(Danny).如果采用 Danny 作为关键词,就应该去掉其中第二个 n,即使用"DANY",否则表格中排列其他字母的位置就不够了.以下的这个关键词密码表,采用 DANY 作为关键词,h 为关键字母.

a	b	c	d	e	f	g	h	i	j	k	l	m	n	o	p	q	r	s	t	u	v	w	x	y	z
S	T	U	V	W	X	Z	D	A	N	Y	B	C	E	F	G	H	I	J	K	L	M	O	P	Q	R

关键词 DANY,关键字母 h

练习

以下谜题的答案使用了关键词密码法加密,请解密答案.

1. 关键词:DAN,关键字母:h.

谜语:What is worse than biting into an apple and finding a worm? (还有什么事比咬开苹果,发现有一只虫子更恶心的?)

答案:YAFWAFZ DTCY T PGJE.

2. 关键词:HOUSE,关键字母:m.

谜语:Is it hard to spot a leopard? (要让美洲豹满身斑点,这个任务很难完成吗?)

答案:OU. CVQJ LAQ MUAO CVLC GLJ.

3. 关键词:MUSIC,关键字母:d.

谜语:What part of your body has the most rhythm? (人的身体结构中,最有节奏感的是什么?)

答案:VHPL UXLMLPFN.

4. 关键词:FISH,关键字母:a.

谜语:What does Mother Earth use for fishing? (地球母亲用什么工具捕鱼?)

答案:TDA MNQTD FMH RNUTD ONKAR.

5. 关键词:ANIMAL,关键字母:g.

谜语:Why was the belt arrested? (为什么腰带会被逮捕?)

答案:ZEH NEBXIDA OF KNY FUDKJ.

6. 关键词:RABBIT,关键字母:f.

谜语:How do rabbits travel? (兔子乘什么交通工具旅行?)

答案:WS BVKZHDVFZ.

7. 关键词:MISSISSIPPI,关键字母:d.

谜语:What ears can not hear? (什么耳朵听不见?)

答案:IXLN HS ZHLG.

丹把关键词密码法告诉了朋友们.等旅行的细节公布之后,他就会使用关键词密码给他们发个信息.他每天给公园公告管理处打电话,总算旅行的消息公布了.

以下是丹编写的加密信息,他在学校里给朋友们传阅,并告诉他们:关键词是 SKITRIP,关键字母是 p.他很肯定,没有其他人知道关键词密码法,根本破译不了他的信息.

OLIL FIL ROL JLRFQWT ZM ROL ZPRJZZI HWPG'T TVQ

RIQS: ROL RBZ-JFD RIQS RZ SQYL XZPYRFQY BQWW GL

TFRPIJFD FYJ TPYJFD, ROL MQITR BLLVLYJ QY MLGIPFID.

ROL GPT BQWW WLFAL MIZX ROL SFIV'T OLFJKPFIRLIT

FR LQNOR FX FYJ ILRPIY FR RLY SX TPYJFD.

ILNQTRIFRQZY MZIXT FIL JPL GD YLCR MIQJFD SQHV

ROLX PS QY ROL SFIV ZMMQHL.

ROL RIQS QT WQXQRLJ RZ ROL MQITR RBLYRD BOZ

TQNY PS, TZ SWLFTL OPIID ZI ROLIL XQNOR YZR GL

LYZPNO TSFHL.

练习

8. 解密丹的信息.(信息比较长,可以分组合作解密)

9. 给其他小组写一条信息,并用关键词密码加密.把关键词和关键字母告诉他们,让他们来解密你的信息.

跳 舞 的 人 形

"夏洛克·福尔摩斯探案集"系列的作者阿瑟·柯南·道尔(Auther Conan Doyle,1859—1930)爵士对密码学有着浓厚的兴趣.实际上,他还将密码写入了好几个故事中.《跳舞人形》中的反面角色亚伯·斯兰尼(Abe Slaney)就使用了一种代入式密码,密码采用了跳舞人形的线条画,每个跳舞的人形手臂和双腿的姿势不同,以代表不同的字母.他利用这种密码向自己青年时代的恋人埃尔西(Elsie)发送加密的恐吓信息.福尔摩斯(Holmes)拿到信息后,揭开了其中一些跳舞人形所代表的含义.

福尔摩斯未能阻止凶案的发生,但他设计使斯兰尼回到了案发现场并逮捕了他.以下就是他发给凶手的信息:

这是一条使用符号而非字母的代入式密码.如果你知道跳舞人形的图案和字母是如何对应的,就能破译福尔摩斯的信息.以下就是字母所对应的跳舞人形图案,而旗子代表一个单词的结尾.

第 5 节

字母频次

丹一时粗心,把他的字条忘在裤子口袋里了,妈妈在洗裤子的时候发现了.她把字条放在洗衣机旁,正巧被詹妮看到.詹妮立刻感觉字条上的信息是自己想知道的,于是试着去破译密码.她发现信息中字母 L 出现的频次最高,由此推断 L 很可能对应字母 e.她在恺撒密码盘上把 e 和 L 对应起来,但是其他字母组合起来没有意义.她又试试其他对应位置,也都摸不着头脑.

"这肯定不是恺撒密码.可能是其他代入式密码——可能是关键词密码法.我一定要解开!"詹妮心想.

虽然大多数代入式密码比恺撒密码更难破译,但对擅长破译密码的人来说还是挺容易的.詹妮学习了这方面的知识,知道该如何应对.经过一番努力,她解开了丹的密码,知道了滑雪旅行的事.她赶快和朋友们报了名.

丹和他的朋友们弄不明白,詹妮是如何破译丹的信息的呢?

字母顺序都打乱了呀！他们对詹妮说："好吧,你赢了.告诉我们你是怎么做的呢."

"并没有你们想象得那么难.我数了一下你的信息中每个字母出现的次数,再与英语中各字母出现的频率相比较."

男孩子们意识到,要知道英语中各字母的出现频率才能明白詹妮在说什么.

"频次",指的是一些事情发生的次数.比如,在字母群 abcb 中,字母 b 出现的频次是 2.在字母群 ababcacfaeghikvndswq 中,字母 b 出现的频次也是 2,但后者中字母 b 出现得没有前者频繁.字母 b 的"频率",就是字母 b 出现次数占整个字母群字母数的比率.

$$频率 = \frac{字母出现的次数}{字母群的字母总数}.$$

频率可以用分数、小数或者百分比来表示.比如,在字母群 abcb 中,字母 b 的频率是 $\frac{2}{4}$ 或者 $\frac{1}{2}$,也就是 0.5 或者 50%.这一频率告诉我们,字母 b 占整个字母群字母数的一半,也就是 50%.

而在字母群 ababcacfaeghikvndswq 中,字母 b 的频率为 $\frac{2}{20}$ 或者 $\frac{1}{10}$,也就是 0.1 或者 10%.

你可以用计算器把分数转化为小数.在字母群 axqyyhib 中,字母 b 的频率是 $\frac{1}{8}$,用计算器来除一下.

$$\frac{1}{8}=1\div 8=0.125.$$

要把 0.125 转化为百分数,我们把它乘 100,得到12.5%.(还记得计算乘 100 的简便方法吗?)

有时我们得到的答案需要四舍五入.比如,字母 b 在字母群 bghjiesrtasfgb 中的频率是 $\frac{2}{14}$,用计算器把它化成小数并四舍五入:

$$\frac{2}{14}=2\div 14=0.142\,857\,142\,86\approx0.143.$$

要把 0.143 转化成百分数,我们把它乘 100,得到 14.3%.

丹和彼得决定收集一些数据以了解英语中字母的频率.几个朋友共同参与,数几篇小短文中的字母,再把数据归纳在一张表格中.

 游戏:计算英语中字母的频率

(注释:如果你是独自做这项练习,你可以自己收集数据.选一篇比较长的文章,大约 500 个字母.跳过 1 和 2,直接在 3 的表格中填上你得到的数据.)

1. 从一段小短文中收集数据.

(1) 从英文报纸或者其他英语文章中选取一段短文,大约 100 个字母.

(2) 和小组成员一起来数一下短文中的字母 A,B,……各有几个.

（3）将你们的数据填入字母频次表内.

字母	频次
A	10
B	2
C	3
D	5

字母频次表范例

2. 将数据整合在一张大表格中.

（1）将你们小组的数据记录在班级的字母频次表中.（教师会准备这个大表格,如用黑板或投影仪展示）

（2）教师会指定你们小组计算某几行数字的和,并将结果填入"总数"一列.

	班级的字母频次表										
字母	第1组	第2组	第3组	第4组	第5组	第6组	第7组	第8组	第9组	第10组	总数
A	10	9	6	5	8	8	10	12	4	6	78
B											
C											

班级数据表（以字母 A 为例）

讨论：

• 在班级整合的数据表中,频次最高的字母是哪个?

• 该字母在各小组数据中是否也都是出现频次最高的字母?

• 还有哪些出现频次较高的字母?各小组的数据结果是否

基本相似?

3. 计算频率.

将班级数据表中的"总数"一列的数据相应地填入频率表中的"频次"一列中.然后计算字母的频率,以分数、小数和百分比来表示.

字母	频次	频率		
		分数形式	小数形式 (保留 3 位小数)	百分比形式/% (精确到 0.1)
A	78	$\dfrac{78}{1059}$	0.074	7.4
B				
C				
D				

频率表范例(以字母 A 的频率为例,班级字母总数为 1 059)

练习

1.(1) 班级数据表中字母 T 的百分比为多少?

(2) 估计一段 100 个字母的短文中字母 T 出现多少次.

(3) 如果你的短文大约是 100 个字母,其中所含字母 T 的个数与你在 1(2)中的估计是否相近?

2.(1) 班级数据表中字母 E 的百分比为多少?

(2) 估计一段 100 个字母的短文中字母 E 出现多少次.

(3) 估计一段 1 000 个字母的短文中字母 E 出现多少次.

3. 根据班级数据表,将字母按出现频率由高到低排列.

4. 下面的表格是根据100 000个字母的文章而计算所得的字母频率表. 你的班级数据表与之相比是否相同? 差异在哪里? 可能是什么原因造成了这种差异?

字母	频率/%
E	12.7
T	9.1
A	8.2
O	7.5
I	7.0
N	6.7
S	6.3
H	6.1
R	6.0
D	4.3
L	4.0
C	2.8
U	2.8
M	2.4
W	2.4
F	2.2
G	2.0
Y	2.0
P	1.9
B	1.5
V	1.0
K	0.8
J	0.2
Q	0.1
X	0.1
Z	0.1

英语中的字母①

---

① Beker H，Piper F. Cipher Systems：The Protection of Communications［M］. London：Northwood Publications，1982.

你知道吗？

埃德加·爱伦·坡的挑战

埃德加·爱伦·坡（Edgar Allen Poe, 1809—1849)被誉为第一个撰写侦探小说的作家.他对密码学也有着浓厚的兴趣,还为美国费城的一份报纸写过多篇有关密码的文章.虽然他并非专业的密码工作者,但却是第一位普及密码知识的作家.他通过自己的作品使很多人对密码学产生了兴趣.他甚至向读者们发出挑战,让读者们用代入式密码加密信息,他保证都能破译.他的挑战得到数百条回应.他只利用了频率分析就破解了那些加密信息,这使读者们大为惊奇.他被誉为"有史以来破译密码最有技巧的人".

他最受欢迎的作品《金甲虫》中就涉及了密码学.故事中的主角破译了使用代入式密码加密的线索,发现了海盗基德船长（the pirate Captain Kidd)埋藏的宝藏.这部作品不仅让爱伦·坡赢得100美元的奖金,也使人们对他的作品产生了更浓厚的兴趣.

第 **6** 节

破译代入式密码

丹说:"现在我们已经对英语的字母频率有了一定的了解.詹妮,我还想知道你是如何利用它破译了我的密码."丹和彼得准备洗耳恭听.

"我找到了这个英语字母频率表."詹妮告诉他们.

字母	频率/%
a	8.2
b	1.5
c	2.8
d	4.3
e	12.7
f	2.2
g	2.0
h	6.1
i	7.0

字母	频率/%
j	0.2
k	0.8
l	4.0
m	2.4
n	6.7
o	7.5
p	1.9
q	0.1
r	6.0

字母	频率/%
s	6.3
t	9.1
u	2.8
v	1.0
w	2.4
x	0.1
y	2.0
z	0.1

英语字母频率表

丹说:"你用了别人制作的表啊."

"我们可是自己计算制作了一张表呢!"一脸疲惫的彼得说.

"我敢说计算结果都是差不多的."詹妮很肯定地说."研究证明,大部分英语中的字母频率都大致相同.这就是我们利用频率来解密信息的依据."

"向我们说明一下你是怎么破译密码的吧."彼得说.

"好吧,我首先计算了你信息中的字母频次和频率."詹妮说.

字　　母	频　次	频　率		
		分数形式	小数形式 (保留 3 位小数)	百分比 形式/%
A	1	$\frac{1}{328}$	0.003	0.3
B	6	$\frac{6}{328}$	0.018	1.8
C	1	$\frac{1}{328}$	0.003	0.3
D	9	$\frac{9}{328}$	0.027	2.7
E	0	0	0.000	0.0
F	24	$\frac{24}{328}$	0.073	7.3
G	6	$\frac{6}{328}$	0.018	1.8
H	4	$\frac{4}{328}$	0.012	1.2
I	27	$\frac{27}{328}$	0.082	8.2
J	13	$\frac{13}{328}$	0.040	4.0
K	1	$\frac{1}{328}$	0.003	0.3

（续表）

字 母	频 次	频　率		
		分数形式	小数形式 （保留 3 位小数）	百分比 形式/%
L	41	$\frac{41}{328}$	0.125	12.5
M	9	$\frac{9}{328}$	0.027	2.7
N	5	$\frac{5}{328}$	0.015	1.5
O	18	$\frac{18}{328}$	0.055	5.5
P	15	$\frac{15}{328}$	0.046	4.6
Q	24	$\frac{24}{328}$	0.073	7.3
R	37	$\frac{37}{328}$	0.113	11.3
S	12	$\frac{12}{328}$	0.037	3.7
T	18	$\frac{18}{328}$	0.055	5.5
U	0	0	0.000	0.0
V	5	$\frac{5}{328}$	0.015	1.5
W	9	$\frac{9}{328}$	0.027	2.7
X	8	$\frac{8}{328}$	0.024	2.4
Y	18	$\frac{18}{328}$	0.055	5.5
Z	17	$\frac{17}{328}$	0.052	5.2
总数	328			

丹的信息中各字母出现的频次

"接着,我将信息中的字母按照频率由大到小的顺序排列.然后将普通英语的字母频率按由大到小排列(下表)."

丹的信息中的字母			普通英语中的字母	
字母	频率/%		字母	频率/%
L	12.5		e	12.7
R	11.3		t	9.1
I	8.2		a	8.2
F	7.3		o	7.5
Q	7.3		i	7.0
O	5.5		n	6.7
T	5.5		s	6.3
Y	5.5		h	6.1
Z	5.2		r	6.0
P	4.6		d	4.3
J	4.0		l	4.0
S	3.7		c	2.8
D	2.7		u	2.8
M	2.7		m	2.4
W	2.7		w	2.4
X	2.4		f	2.2
B	1.8		g	2.0
G	1.8		y	2.0
N	1.5		p	1.9
V	1.5		b	1.5
H	1.2		v	1.0
A	0.3		k	0.8
C	0.3		j	0.2
K	0.3		q	0.1
E	0.0		x	0.1
U	0.0		z	0.1

频率高

频率低

比较频率

　　"我决定先破译使用频率最高的字母,因为破译了使用频率最高的字母也就是取得了最大的突破.首先,我猜测 L——丹的信息中使用频率最高的字母——就代表了字母 e.另一种猜测是 R 对应字母 e,因为 R 的使用频率居第二.但由于信息中很多三个字母组成的单词都以 R 开头,而英语单词中没有那么多以 e 开头的单词,因此我判断 R 并非与字母 e 对应."

　　"我继续自己第一步的猜想,在信息中所有 L 上面都写上了 e,我用的是铅笔,因为可能稍后我会改变想法也不一定.下面就是信息的前几行."

```
  e  e     e    e            e
OLIL  FIL  ROL  JLRFQWT  ZM  ROL  ZPRJZZI  HWPG'T  TVQ
           e                  e                          e
RIQS:  ROL  RBZ-JFD  RIQS  RZ  SQYL  XZPYRFQY  BQWW  GL
                              e              e e e
TFRPIJFD  FYJ  TPYJFD,  ROL  MQITR  BLLVLYJ  QY
  e
MLGIPFID.
```

　　"接着,我想到的是字母 t.如果把 t 与信息中的 R 对应起来,那么 ROL 就转变成了 t_e.有这个可能.如果把信息中的 O 与 h 对应起来,那么 ROL 就成了 the,那就成了一个有意义的单词了.我把这两个字母也写在了相应的位置."

```
h e  e   e  the    e t          the       t
OLIL  FIL  ROL  JLRFQWT  ZM  ROL  ZPRJZZI  HWPG'T  TVQ
t         the t        t      t    t  e                e
RIQS:  ROL  RBZ-JFD  RIQS  RZ  SQYL  XZPYRFQY  BQWW  GL
                         the
TFRPIJFD  FYJ  TPYJFD,  ROL  MQITR  BLLVLYJ  QY
  e
MLGIPFID.
```

　　"我在做这些的时候,也同时在破解代入方式.我把普通英语中的字母写在上排,而下排是加密文字的字母."

"以下是我目前为止的对应表."

										e		h		t											
A	B	C	D	E	F	G	H	I	J	K	L	M	N	O	P	Q	R	S	T	U	V	W	X	Y	Z

"下面我要看看信息中其他比较短的单词了.可惜信息里没有一个字母的单词——这很糟糕,因为一个字母的单词通常不是 a 就是 I,会是很好的线索.但信息中有两个字母的单词——RZ.已知 R 代表 t,所以我猜想 RZ 一定是单词 to,所以 Z 就可与 o 相对应.然后还有两个字母的单词 ZM.如果 Z 代表 o,那么这个单词是 o_,一定是 on 了.于是我把 M 和 n 相对应起来.我把这些相对应的字母都写在了这条信息上."

```
h e    e   t h e   e t       o n   t h e   o   t o o
OLIL  FIL  ROL  JLRFQWT  ZM  ROL  ZPRJZZI  HWPG'T  TVQ

          t   h e   o       t h e     o          t   e e
RIQS:  ROL  RBZ-JFD  RIQS  RZ  SQYL  XZPYRFQY  BQWW  GL

      t                     t h e   n     t   e e
TFRPIJFD  FYJ  TPYJFD,  ROL  MQITR  BLLVLYJ  QY

n e
MLGIPFID.
```

"再回过头来看看频率.接着出现频率最高的字母就是 I 了,而表中还没有配上对的字母是 a,这两个字母的频率都是一样的,都为 8.2％,看来能互相对应.不过,信息中的单词 FIL 就成了_ae,似乎没有这样的常用单词,而且_ie 好像也不对.所以我把 I 先放在一边."

"我决定先把 F 的对应字母找出来.字母 F 在信息中的频率是 7.3％.在英语中 a 的频率是 8.2％,i 是 7.0％,那么 a 和 i 都有可能是和 F 相对应的.这样的话 FIL 就可能是单词 a_e 或者 i_e.我猜想 a_e 其实就是 are,从而 F 所对应的就是 a 而 I 对应的就是 r,一举解决两个字母了.我把这些字母都写在信息上相应的位置,而此时单词 here 出现了,这肯定了我的猜测."

```
here  are  the   eta      on  the  o t  oor
OLIL  FIL  ROL   JLRFQWT  ZM  ROL  ZPRJZZI  HWPG'T  TVQ

tr    the   t o   a    tr        to             e
RIQS: ROL  RBZ-JFD  RIQS  RZ  SQYL  XZPYRFQY  BQWW  GL

  at r a       a        the  n r t   e e e
TFRPIJFD  FYJ  TPYJFD,  ROL  MQITR  BLLVLYJ  QY

ne r ar
MLGIPFID.
```

"我注意到有一处撇号(')后面跟着一个字母,这个字母可能是 t,这个单词可能是 can't 或者 don't,但 t 已经和 R 对应起来了.这个字母也可能是 s,因为所有格是以's 结尾的.我可以将 T 对应为 s."

```
here  are  the   eta    s  on  the  o t  oor      s s
OLIL  FIL  ROL   JLRFQWT  ZM  ROL  ZPRJZZI  HWPG'T  TVQ

tr    the   t o   a    ta        to             e
RIQS: ROL  RBZ-JFD  RIQS  RZ  SQYL  XZPYRFQY  BQWW  GL

sat r a   a   s    a        the  n r t   e e e
TFRPIJFD  FYJ  TPYJFD,  ROL  MQITR  BLLVLYJ  QY

ne r ar
MLGIPFID.
```

"我又看到一个熟悉的单词.sat_r_a 很可能是 saturday.如果这是正确的话,P 就是 u,J 就是 d,D 就是 y,我把这些字母都写在了相应位置."

```
here  are  the   deta  s  on  the  outdoor    u  s s
OLIL  FIL  ROL   JLRFQWT  ZM  ROL  ZPRJZZI  HWPG'T  TVQ

tr    the   t o day  tr       to       ou ta         e
RIQS: ROL  RBZ-JFD  RIQS  RZ  SQYL  XZPYRFQY  BQWW  GL

saturday  a d  su day   the  n r t   e e e  d
TFRPIJFD  FYJ  TPYJFD,  ROL  MQITR  BLLVLYJ  QY

ne ruary
MLGIPFID.
```

"但此时我发现一个问题,saturday a_d su_day 肯定是 saturday and sunday,那么 n 一定对应 Y,但之前我推断单词 ZM

为 on 时已经将 n 和 M 对应起来了,这肯定有误.ZM 应该是 of,所以我把 M 对应 n 都擦去了,把 M 对应 f 和 Y 对应 n 写了上去.还好我用的是铅笔."

```
here  are  the  deta    s  of  the  outdoor    u   s  s
OLIL  FIL  ROL  JLRFQWT  ZM  ROL  ZPRJZZI  HWPG·T  TVQ

tr       the  to  day  t     to    ne    ountan       e
RIQS:  ROL  RBZ-JFD  RIQS  RZ  SQYL  XZPYRFQY  BQWW  GL

saturday  and  sunday    the  f  rst    ee  end  n
TFRPIJFD  FYJ  TPYJFD.  ROL  MQITR  BLLVLYJ  QY

fe  ruary
MLGIPFID.
```

"一切就位.fe_ruary 缺了字母 b,于是我将 G 与 b 相对应,该单词是 february.MQITR 是 f_rst,很有可能是单词 first,那么 Q 对应的就是 i.BLLVLYJ 一定是单词 weekend 了,所以 B 对应的是 w 而 V 对应的是 k."

```
here  are  the  detail  s  of  the  outdoor    ub  s  ski
OLIL  FIL  ROL  JLRFQWT  ZM  ROL  ZPRJZZI  HWPG·T  TVQ

tri     the  two  day  tri  to    ine    ountain  wi      be
RIQS:  ROL  RBZ-JFD  RIQS  RZ  SQYL  XZPYRFQY  BQWW  GL

saturday  and  sunday    the  first  weekend  in
TFRPIJFD  FYJ  TPYJFD.  ROL  MQITR  BLLVLYJ  QY

february
MLGIPFID.
```

"到这一步我就不需要看频率了,已经差不多可以读懂信息所说的意思了.我可以确定:W 就是 l,H 就是 c,S 就是 p,X 是 m.下面就是这条信息的内容."

```
here  are  the  details  of  the  outdoor  club's  ski
OLIL  FIL  ROL  JLRFQWT  ZM  ROL  ZPRJZZI  HWPG·T  TVQ

trip:  the  two-day  trip  to  pine  mountain  will  be
RIQS:  ROL  RBZ-JFD  RIQS  RZ  SQYL  XZPYRFQY  BQWW  GL

saturday  and  sunday,  the  first  weekend  in
TFRPIJFD  FYJ  TPYJFD,  ROL  MQITR  BLLVLYJ  QY

february.
MLGIPFID.
```

"下面就是我所代入的字母对应表."

w	y	a	b	c	r	d		e	f		h	u	i	t	p	s		k	l	m	n	o
A	B	C	D	E	F	G	H	I	J	K	L	M	N	O	P	Q	R	S	T	U	V	W	X	Y	Z

"这只是信息的前几行字,而其余部分也用差不多的方式去解读."

利用字母出现的频率,詹妮得以用自己明智的猜测来解密整个信息.下面的提示就是她所运用的思想方法.

提示:利用频率分析来解密信息

• 先将出现频率最高的字母对应起来——这样就能够事半功倍了.

• 利用频率作为辅助,但别指望它对应得一点不差.

• 一旦破解了一个单词中的几个字母,可以试着猜测其他字母,直到拼出一个有意义的单词.

• 找出熟悉的短单词.一个字母的单词往往就是 a 或者 I;两个或三个字母的单词有 in,of,at,and 和 the,等等.

• 标点符号也能起提示作用,比如,哪些字母可以跟在撇号(′)后面?

• 找到二合字母,它们往往是成对出现的.英语单词中最常见的二合字母是:th,he,in,er,ed,an,nd,ar,re 和 en.而常见的三合字母(三个字母组成的字母群)有:the,and,ing,her,tha,ere,ght 和 dth.

解密了丹的信息,得知男孩们想隐瞒滑雪旅行的消息不让女孩们知道,詹妮简直要气疯了.所以当她得知一家当地电台要发马戏表演赠票的时候,也决定只告诉女孩们.她也写了一张加密的信息给朋友们.

"男孩子们要想破译我的信息可得费一番功夫了."

以下就是詹妮的信息:

> Y XTNDQ DNQYS EFNFYSU JKLM
> NUUSGUPTQ FXTL JYII WYHT
> NJNL VDTT PYDPGE FYPCTFE FS
> FXT VYDEF FJTUFL-VYHT ATSAIT
> JXS PNII YU. YF ESGUQE IYCT
> VGU. ITF'E NII PNII NUQ WS
> FSWTFXTD.

练习

1. 利用频率分析来解密詹妮的信息:

(1)计算出信息中每个字母的出现次数,然后计算出频率.

(2)将字母按出现频率由大到小排列.

(3)利用频率来帮助你猜测,以破译这条信息.

2. 再用频率分析解密一条信息,其中字母的频率如下页的表格所示.

BQGKNJG SDKT CDQ MGVLQETD BQGKNSLK G CGKNSLJD KDW SCEQT MLQ CES REQTCNGY. UKMLQTUKGTDIY，ET CGN G SEZD MLUQTDDK ALIIGQ GKN TCD RLY CGN G SEZD SEXTDDK KDAH. CD NUTEMUIIY WQLTD CDQ，"NDGQ BQGJJY，TCGKHS CDGOS. E'N WQETD JLQD RUT E'J GII ACLHDN UO."

字母	频率/%
D	11.4
G	9.8
Q	8.3
T	7.8
C	6.7
K	6.7
E	6.2
L	5.7
N	5.7
S	5.2
I	3.6
U	3.6

（续表）

字母	频率/%
J	3.1
M	2.6
Y	2.6
A	1.6
B	1.6
H	1.6
R	1.6
W	1.6
O	1.0
Z	1.0
V	0.5
X	0.5
F	0.0
P	0.0

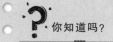 你知道吗？

可怜的玛丽女王

如果你想传递秘密信息,就一定要小心谨慎.苏格兰的玛丽(Mary)女王于 1587 年被处决,就缘于密信被破译,泄露了她的秘密计划.

苏格兰女王玛丽信奉天主教,而她的侄女英格兰女王伊丽莎白(Elizabeth)则信奉新教.玛丽在苏格兰遇到了一些麻烦,最终不得不找一个安全之处避一避.为避免危险,她前往英格兰,希望侄女伊丽莎白能够帮助自己,但她的想法错了.伊丽莎白唯恐玛丽会来夺取英格兰女王之位——英格兰天主教认为玛丽比伊丽莎白更有资格坐上女王的宝座——因此当玛丽到达英格兰的时候,伊丽莎白迅速逮捕了她,并监禁了 18 年.

效忠于玛丽的天主教徒送了一封信给她,信中描述了营救她、刺杀伊丽莎白和煽动叛乱的图谋.玛丽在绝望中决定铤而走险,同意了这个密谋.但她犯了一个错误,她发送这个秘密计划的详细方案所用的密码还不够复杂.她所采用的密码并不算是代入式密码,不过也差不多.伊丽莎白的间谍盗取了这些信息,并利用频率分析将其破译.接着,伊丽莎白的手下冒充玛丽,套取到其他参与密谋的人的名单,并逮捕了这些人.

伊丽莎白的谋臣们也曾怀疑玛丽觊觎英格兰女王之位,但苦于并无证据.而不幸的玛丽的秘密计划被破译了,恰恰把证据送上了门.伊丽莎白便同意处死了玛丽.

第 *3* 章

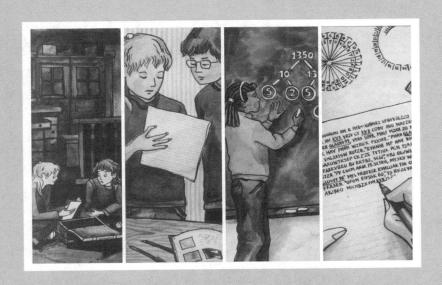

维热纳尔密码

第 7 节

维热纳尔密码和恺撒密码的联系

詹妮和艾比在阁楼上发现了她们的外祖父留下的一盒纸条.

艾比挑出了其中的一张:"这是什么? 看起来像是一条信息,但是我之前从未看到过这种语言啊."

A VNNS SGIAV GVDJRJ! WG OOF AB GZS UAZYK
PRZWAV HUW HESRVFU CGGG GB GZS AADVYCA
JWIWF NL HUW BBJHUWFA LWC GT YSYR KICWFVGF.
JZWYW VVCWAY, W SGIAV GBES FZWAQ GGGBRK.
ZNLSE A PEGITZH GZSZ LC N ESGSZ

RPDRJ# GG VNNS GZSZ SDCJOVKSQ. KIEW SAGITZ,
HUWM NJS FAZIWF—VF O IWFL HIEW TBJX.
GZSEW AHKH OW ABJS—V OWYD FRLIEF OAV
GGSYR S QYSWZ.

外祖父留下的信息

詹妮猜测这些信息已经被加密了.

艾比有些怀疑:"为何要加密呢? 外祖父想要传达什么秘密呢?"

"谁知道呢,但是这可能很重要吧."

"让我们一起努力去解释其中的含义吧."

于是,两个女孩开始努力破译这些信息.她们尝试了她们所知道的所有密码法,但是依然不能破译纸上的内容.她们甚至尝试了频率分析,但是依然没有结果.

"我原以为学会了频率分析之后就能破译所有的密码,看样子,我错了."詹妮充满挫败感.

艾比说:"我想是的,不如我们把这些编码纸拿到密码俱乐部去吧.其他人可能会有办法."

目前,密码术已经在校园中广受欢迎,所以他们成立了一个可以让大家学习更多密码知识的俱乐部.

讨论

观察詹妮的外祖父留下的信息.

1. 你是否同意詹妮和艾比所说的:这些信息是用一种特殊的语言书写的?

2. 你认为这些信息可以用简单的密码置换破译出来吗? 说说你的理由.

两个女孩带着外祖父的编码纸参加了密码俱乐部的活动.丽拉带来一位新成员.

"大家好,这位是杰斯(Jesse)."丽拉介绍说,"他刚刚搬到我家的隔壁,他在以前的学校曾学过一些密码知识."

"欢迎你."詹妮说,"你来得正是时候,我们尝试了各种和频率分析有关的方法去破译这些密码,但是我们被卡住了,或许你能想出新的办法呢."

"的确有些密码是不能用普通的频率分析法破译的.我们曾经学过一种维热纳尔密码.1804 年,梅里韦瑟·刘易斯(Meriwether Lewis)和威廉·克拉克(William Clark)开拓美国西部的时候,托马斯·杰弗逊(Thomas Jefferson)总统建议他们用这种密码给他发信息.在很长的一个历史时期,人们一度认为,维热纳尔密码是无法破译的."

"听起来我们应该学习这种密码."艾比说,"可能这种密码正是外祖父在他的留言中所使用的."

"试试看吧."杰斯说,"在 20 世纪初,这种密码往往用来传递重要的信息."

维热纳尔密码

维热纳尔密码(The Vigenère Cipher)可以看作是不同的恺撒密码的组合,每一个恺撒密码都由关键词的一个字母确定(这里的"关键词"和第 4 节提到的"关键词"意思、作用不同).

使用维热纳尔密码时,要把关键词重复地书写在这条信息的每一个字母上面(注意,字母间的空格、标点和其他符号的上面是不用写的).看看信息中的每个字母上面对应的那个字母是什么,然后用相应的恺撒密码加密或者解密.

例如,想要加密"Welcome to the Cryptoclub, Jesse",使用的

关键词是"DOG",那么第一步就是把"DOG"重复地书写在这条信息的每一个字母上面(注意,字母间的空格、标点的上面是不用写的):

关键词	D	O	G	D	O	G	D		O	G		D	O	G		D	O	G	D	O	G	D	O	G	D		O	G	D	O	G
明 文	W	e	l	c	o	m	e		t	o		t	h	e		C	r	y	p	t	o	c	l	u	b	,	J	e	s	s	e
密 文																															

用 a-D 密码盘(如下图)对信息中所有对应于 D 的字母加密.比如,第一个字母 w 对应的密文应该是 Z,其他上面有 D 的字母也按照此规律进行加密.

关键词	D	O	G	D	O	G	D		O	G		D	O	G		D	O	G	D	O	G	D	O	G	D		O	G	D	O	G
明 文	W	e	l	c	o	m	e		t	o		t	h	e		C	r	y	p	t	o	c	l	u	b	,	J	e	s	s	e
密 文	Z			F			H					W				F			S			F			E	,			V		

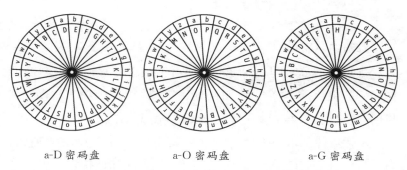

a-D 密码盘   a-O 密码盘   a-G 密码盘

用于以 DOG 为关键词的维热纳尔密码的密码盘

用 a-O 密码盘对信息中所有对应于 O 的字母加密.比如,e 对应的密文是 S,以此类推.

D	O	G	D	O	G	D		O	G		D	O	G		D	O	G	D	O	G	D	O	G	D		O	G	D	O	G
W	e	l	c	o	m	e		t	o		t	h	e		C	r	y	p	t	o	c	l	u	b		J	e	s	s	e
Z	S		F	C		H		H			W	V			F	F		S	H		F	Z		E	,	X		V	G	

用 a-G 密码盘对信息中所有对应于 G 的字母加密.比如,字母 l 对应的密文是 R,其他字母也按照这种方法加密,结果如下.

D	O	G	D	O	G	D		O	G		D	O	G		D	O	G	D	O	G	D	O	G	D		O	G	D	O	G
W	e	l	c	o	m	e		t	o		t	h	e		C	r	y	p	t	o	c	l	u	b		J	e	s	s	e
Z	S	R	F	C	S	H		H	U		W	V	K		F	F	E	S	H	U	F	Z	A	E	,	X	K	V	G	K

练习

1. 用维热纳尔密码加密"hidden treasure",关键词是"DOG".

2. 用维热纳尔密码加密"Meet me tonight at midnight",关键词是"CAT".

破译维热纳尔密码

杰斯喜欢这条欢迎辞,他用同样的关键词"DOG"作出如下的回复:

WVGQYY! JZGG HU ES NHFK

"我们可以反向解密."丽拉说,她画了张表并且开始破译.

关键词	D	O	G	D	O	G				D	O	G	D		O	G		D	O		G	D	O	G
明 文																								
密 文	W	V	G	Q	Y	Y	!			J	Z	G	G		H	U		E	S		N	H	F	K

她用 a-D 密码盘解密信息中所有对应于 D 的字母：用密码盘内圈的字母找出相对应的外圈字母.她得到如下结果.

D	O	G	D	O	G			D	O	G	D		O	G		D	O		G	D	O	G
t			n			!		g			d					b			e		
W	V	G	Q	Y	Y	!		J	Z	G	G		H	U		E	S		N	H	F	K

她用 a-O 密码盘解密信息中所有对应于 O 的字母：

D	O	G	D	O	G			D	O	G	D		O	G		D	O		G	D	O	G
t	h		n	k		!		g	l		d		t			b	e			e	r
W	V	G	Q	Y	Y	!		J	Z	G	G		H	U		E	S		N	H	F	K

最后,她用 a-G 密码盘解密信息中所有对应于 G 的字母：

D	O	G	D	O	G			D	O	G	D		O	G		D	O		G	D	O	G
t	h	a	n	k	s	!		g	l	a	d		t	o		b	e		h	e	r	e
W	V	G	Q	Y	Y	!		J	Z	G	G		H	U		E	S		N	H	F	K

练习

3. 破译下面这条维热纳尔密码信息,关键词是"CAT".

QK, UWT PJEKG SACLE YE FGEM?

4. 破译下面这条维热纳尔密码信息,关键词是"LIE".

L TMP KEY BVLDIW PEWNALG ECWYYL XSM AZZPO ELTTI EPI EZYEP MD XYEBMYO SY QXD ALZMW.

——马克 • 吐温(Mark Twain)

维热纳尔密码表

"有时候,我使用密码盘会出现思维混乱."贝基(Becky)说,"我不喜欢密码盘上颠来倒去的字母,有其他更好的方法吗?"

"我喜欢密码盘."杰斯说,"但是有些人更喜欢用维热纳尔密码表.我来告诉你如何使用维热纳尔密码表,然后你可以选择自己喜欢的方式."

"维热纳尔密码表最上面的一行是明文字母表(和以前一样是小写字母).下面的每一行都是把字母表往前移一格,形成循环,就像密码盘一样."

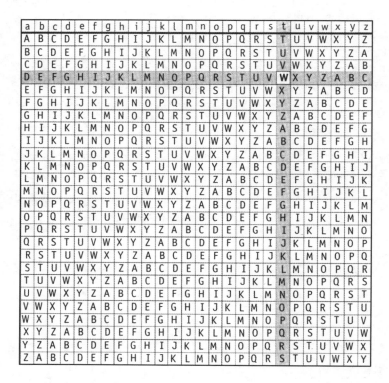

维热纳尔密码表（图中所示对应于 a-D 密码盘，t 被加密为 W）

如何用维热纳尔密码表加密或者解密

用维热纳尔密码表加密或者解密的方法和用密码盘大体相似：首先把关键词重复写在信息上方，然后依次用各个关键字母开头的那一行进行加密或者解密.

• 加密一条信息：在首行寻找要加密的那个字母.沿其所在的列向下找到相应关键字母起首的那一行,两者交叉点即为这个字母的密文字母.

• 解密一条信息：寻找关键字母起首的那一行并且找到需要破译的那个字母,沿其所在的列向上寻找,在首行对应的位置找到的字母即为相应的明文字母.

"比如,需要对 t 进行加密,关键字母是 D."杰斯说,"那么我们先在首行找到 t,然后往下找 D 开头的那一行,那一行中和 t 所在的列交汇的字母是 W,W 就是我们要找的密文字母."

"我明白了."贝基说,"a 加密后是 D,b 加密后是 E,以此类推,而 D 所在的这一行相当于我们之前使用的 a-D 密码盘."

提示

在使用密码表时,可用尺子或者一张纸覆盖要使用的那一行以下的部分,以便准确地找出需要的字母.

练习

5. 用维热纳尔密码表(非密码盘)加密"top secret information",关键词是"DOG".

6. 用维热纳尔密码表破译下列信息,关键词是"BLUE".

XSCGI XYXIZX HP JIY MTEI CPMX?

7. 用维热纳尔密码盘或者密码表,破译下列信息(援引自马克·吐温的作品).

(1) 关键词是"SELF".

S TPWKSY HSRYTL FP HGQQTJXLGDI HNLLZZL LTX GAY FHTCTNEW.

(2) 关键词是"READ".

SI CDIIFXC EBRLX RHRHIQX LEDCXH EFSKV. PSU PRC DLV SF D DMSSIMNW.

8. 用维热纳尔密码盘或者密码表,破译下列信息(援引自马克·吐温的作品).

(1) 关键词是"CAR".

CLNCYJ FO IKGYV. TYKS NKLC IRRVIWA SFOE GGOGNE RPD RUTFPIJJ TYG RVUT.

(2) 关键词是"TWAIN".

BB YWH MALT GAA TZHMD YWH WKN'B UTRE BB KAMMZUAR IARPHQAZ.

(3) 关键词是"NOT".

PCNEOZR WL ESLVGMNBVR HH SSTE, ATFHXEM HS TXNF—GBH TOGXAQX BT YROK.

9. 用维热纳尔密码盘或者密码表,破译下列信息.

(1) 关键词是"WISE".

DWFIOBQ MO BZI BQJWP KZELBWV EV LLA JGSG WX AEAVSI.

——托马斯·杰弗逊

(2) 关键词是"STONE".

LAS ZEF PVB VWFCIIK T ABYFMOVR TXUVRK UM PEJKMVRY TKNC KFOYP KMCAIK.

——中国谚语

10. 选一条名人名言,用维热纳尔密码加密,并且把它做成密码卡片.

 游戏

互相破译在练习 10 中制作的密码卡片.

练习

11. 挑战! 探索如何用数来描述维热纳尔密码.

在第 2 节,我们曾经接触过数字信息.恺撒密码可用算术方法描述为:相加就是加密,相减就是解密.维热纳尔密码也可以用算术方法描述.其中,对应于重复书写关键词,用算术方法描述,就是要将关键词的各个字母转换成数,并把这些数重复地书写,然后用加法加密.

例如,要用关键词"DOG"来加密"welcome"这条信息,首先把信息转换成数,然后把关键词"DOG"也转换成数:3,14,6.把这三个数重复地写在信息数下面,然后相加,并把大于 25 的数(减去 26 的倍数)转换成对应的 0 至 25 之间的数.注意,加法加密的结果,与维热纳尔密码盘、维热纳尔密码表加密的结果,都应该是相同的.

明　文	w	e	l	c	o	m	e
数	22	4	11	2	14	12	4
关键数	3	14	6	3	14	6	3
移位后的数(0~25)	25	18	17	5	28₂	18	7
密　文	Z	S	R	F	C	S	H

用这样的方法,加密并解密一条自选信息.

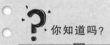

？你知道吗?

美 国 内 战

在美国南北战争中,南方邦联和北方联邦都使用密码.不过,北方做得更好,这对南方可不是好事.当时的北方联邦总统亚伯拉罕·林肯(Abraham Lincoln)聘请了三位从二十多岁起就擅长破译南方邦联信函的专家.而南方缺乏这样的人才,并且在战争中屡次犯错.

南方邦联所犯的错误之一,就是让每个将领自主选择代号和加密方式.这导致至少有一个将领选择了非常容易破译的恺撒密码.而邦联内部最常用的是维热纳尔密码,看起来不错,但实践证明,这也成为南方邦联的另一大败笔.维热纳尔密码容易出错,如果传输过程中遗漏任何一个字母,那么整条密文信息就无法破译成有用的明文信息,这条信息就作废了.此外,南方邦联还犯了一个重大的错误,他们在整个战争中总是使用同样的三个关键词:MANCHESTER BLUFF,COMPLETE VICTORY 和 COME RETRIBUTION.一旦林肯的密码专家获取了这些关键词,他们就可以轻而易举地破译出所有信息.

南方邦联军队使用的维热纳尔密码盘是由黄铜制成,样式和我们文中提到的密码盘完全一样.

第 *8* 节

在已知关键词长度的条件下破译维热纳尔密码

"外祖父留下的信息可能是用维热纳尔密码加密的,但是我们不知道关键词,如何才能破译呢?"詹妮问在座的密码俱乐部其他成员.

"我们需要先尝试破译那些能获得关键词提示信息的密码."艾比说.

"好的."杰斯说,"那我们互相发送一条已经加密的信息,看看是否可以破译.如果被卡住而无法进行下去,就可以互相给一些关于关键词的提示信息."

"好主意!"詹妮说."我们可能会观察到维热纳尔密码的工作原理,这或许可以帮助我们破译外祖父留下的信息.让我们把信息写得长一点,以便观察出内部的规律."

于是,男孩们聚在一起加密了一条信息给女孩们破译,而女孩们也写了一条密文信息给男孩们破译.

破译男孩们的信息

这是男孩们加密的信息(如下图).

KVX DOGRUXI OM R PHRH-KVBMRZ VFBVVGLZCG

NSGK HH KVX VRZV CY KVX CODV OGU MXCZXU,

"PHRH GLAUVF 99, VFAX SOVB. MHLF MZAX ZG NG."

PNK HAV PHRH WZRG'K FXKIKE. "PHRH GLAUVF 99."

AV VHCZXISW RUTZB. "KVHNIB MF HAV RHTY

BDAXUWTKSEP CK Z'ZE TVTIUX PCN FJXIHBDS."

"LFAXKVBEU BJ KKFBZ, SCLJ," VBJ OLJWLKOGK

GTZR. "PV CGCM ARJX 75 SCTKG. MYSKV WL EC

GLAUVF 99." MYS FRBTXSK KVHLUAK THI O

FFAXEH. "UFOM EIFSSK 66," YS RVZEVR. "TIS RFI

ARJBEU MICNSZX FIM KVXIS?"

女孩们试图破译它,但是她们不知道该从哪里下手.

"用频率分析法观察整条信息是没用的."丽拉说,"因为维热纳尔密码依据不同的密码盘,把相同的字母用不同的方式加了密."

"是的,但是如果我们知道哪个字母是用哪个密码盘加密的,可能会有帮助."伊薇说,"这就好像把信息分成几种来破译."

"我们如何才能知道呢?"艾比问.

"如果知道关键词的长度,我们就可以知道哪些字母是用同一个密码盘加密的."伊薇说.

"我们的关键词是由三个字母组成的."蒂姆说,"这对你们有帮助吗?"

伊薇拿出一支铅笔,把这条信息每三个字母分为一组,每组的第一个字母下面都写上 1.

"所有标有 1 的字母都是用同一个密码盘加密的."她说,"我们仍然不知道是哪个密码盘,但是也许能推测出来.我会仔细研究这些字母的."

"我明白了."艾比兴奋地说.她在每组字母的第二个字母下面都写上 2."这些标有 2 的字母同样是由一个密码盘加密的,我来研究这些字母."

"那么我就来研究下面写 3 的字母吧."詹妮说着,把 3 写到了其余字母下面.

以下就是她们标好数字的前几行内容.

```
KVX  DOGRUXI  OM  R  PHRH-KVBMRZ  VFBVVGLZC G
123  123123 1   23  1 2312  312312  312  3123123 1

NSGK  HH  KVX  YRZY  CY  KVX  CODV  OGU  MXCZXU,
1231  23  123  1231  23  123  1231  231  231231

"PHRH  GLAUVF  99,  VFAX  SOVB.  MHLF  MZAX  ZG  NG."
 2312  312312   99    3123  1231   3123  3123  12  31

PNK  HAV  PHRH  WZRG'K  FXKIKE.  "PHRH  GLAUVF  99,"
231  231  2312  3123 12  312312    2312  312312   99
```

伊薇写下了所有标有 1 的字母(如下页图):

"这里所有的字母都是由同一个密码盘加密的,破译这个部分信息的方法和破译恺撒密码的方法是一样的,这比破译一些代入式密码容易多了.我只要破译出一个字母,就能知道整个密码

盘了."

"让我们看看哪个字母在这个列表中出现得最多.谁愿意数一数?"

她们对列表中字母出现的频次做了一个统计.贝基依次读出各个字母,同时伊薇做记号统计(如下图).

A		N	\
B	I	O	
C	IIII	P	II
D	III	Q	
E	卌I	R	卌卌I
F	卌卌	S	卌
G	I	T	II
H		U	III
I	卌III	V	卌卌卌II
J	IIII	W	
K	卌卌卌	X	I
L	卌	Y	III
M		Z	卌II

"V 和 K 是在列表中出现频率最高的字母,而在英语当中出现频率最高的字母是 e,所以这里可能是 V 对应 e,也可能是 K 对

应 e,那么我们就先尝试一下 V 对应 e 的情况,如果不匹配,我们
再试试 K 对应 e 的情况."于是,她们得出了第一个密码盘——
a-R密码盘(如下图).

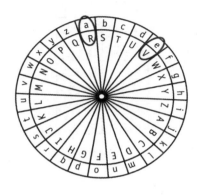

a-R 密码盘

她们从密码盘上读取了字母,并且将其填写在相应位置上,
下面是前面几行的内容.

```
    t    m   a      r          a     e     e     a       o  e i
KVX  DOGRUXI  OM R  PHRH-KVBMRZ  VFBVVG ZC G
1 2 3  1 2 3 1 2 3 1   23  1   2 3 1 2   3 1 2 3 1 2 3 1 2 3

   w    t    t     e   e       t      l    e   d       l  d
NSGK HH  KVX  VRZV  CY  KVX  CODV  OGU  MXCZXU,
1 2 3 1  2 3   1 2 3   2 3 1  1 2   2 3 1  1 2 3   1 2  2 3 1 2 3

      a      u  e          o     b     k       u     i     i     P
'PHRH GLAUVF 99, VFAX SOVB.  MHLF MZAX ZG NG.'
 2 3 1 2   3 1 2 3 1   2 3   3 1 2 3   1 2 3   1 2  3 1 2 3   1 2   3 1

      t     e     a      i    t     t  n     a   u  e
PNK HAV PHRH WZRG'K FXKIKE. 'PHRH GLAUVF 99,'
 2 3 1  2 3 1  2 3 1 2   3 1 2 3 1   2 3 1 2 3 1   2 3 1 2   3 1 2 3 1 2
```

"我来研究使用第二个密码盘的信息."艾比说,"也就是那些
下面写了 2 的字母."

艾比读字母,丽拉统计(如下页图).

字母	计数	字母	计数
A	卌 III	N	
B	卌 I	O	卌 III
C	卌 III	P	卌
D		Q	
E		R	卌
F	卌	S	卌 卌
G	IIII	T	I
H	卌 卌	U	卌 I
I	IIII	V	卌 III
J	III	W	III
K	I	X	
L		Y	I
M	III	Z	卌 I

"S 是在这个列表中出现频率最高的字母，H 是出现频率第二高的字母，我想第二个密码盘中 S 对应 e，如果我猜错了，我再试一下 H 和 e 的对应."

艾比尝试了 S 和 e 匹配的密码盘，得到了第二个密码盘——a-O 密码盘（如下图）.

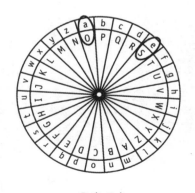

a-O 密码盘

她用这个密码盘破译了下面标有 2 的所有字母.

```
th   ma  ag  ra    a   b  at  en  al   on  es  io
KVX  DOGRUXI OM  R  PHRH-KVBMRZ  VFBVVGLZC G
123  1231231 31    23  1  231 2  31231 2  31231231 23

we  t t  th   ed  e   o    th   la  e  a dy  ll  d
NSGK  HH  KVX  VRZV  CY  KVX  CODV  OGU  MXCZXU,
1231  123  123  1231  123  123  1231  231  231231

b  at  um  er      om  ba  k  y  ur   im   is   p
"PHRH  GLAUVF 99, VFAX SOVB. MHLF MZAX ZG NG."
2312  312312     3123 1231  231 2  31  3123  12 31
```

"我会找出第三个密码盘."詹妮说."可能我不需要用频率分析法了,因为我已经看出了可能会简化我工作的规律."

"看看我们目前破译出来的信息,第一个单词是 KVX,解密出来应该是 th_.并没有太多三个字母的单词是由 th 开头的,因此我觉得这个单词是 the.也就是说 X 对应的是字母 e,我得到了 a-T 密码盘."(如下图)

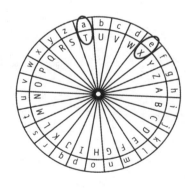

a-T 密码盘

詹妮开始用得到的密码盘进行字母替换."看吧,我们得到了有意义的信息."她说,"我们应该已经破译出整条信息了."

女孩们破译出来的内容如下：

the manager at a boat-rental concession
KVX DOGRUXI OM R PHRH-KVBMRZ VFBVVGIZC G
1 2 3   1 2 3 1 2 3 1   2 3   1   2 3 1 2   3 1 2 3 1 2   3 1 2 3 1 2 3 1 2 3

went to the edge of the lake and yelled,
NSGK HH KVX VRZV CY KVX CODV OGU MXCZXU,
1 2 3 1   2 3   1 2 3   1 2 3 1   2 3   3 1 2 3 1 2 3   1 2 3 1 2 3 1

"boat number 99, come back. your time is up."
"PHRH GLAUVF 99, VFAX SOVB. MHLF MZAX ZG NG."
2 3 1 2   3 1 2 3 1 2 ,   3 1 2 3   1 2 3 1   2 3 1 2   3 1 2 3   1 2   3 1

but the boat didn't return. "boat number 99."
PNK HAV PHRH WZRG'K FXKIKE. "PHRH GLAUVF 99,"
2 3 1   2 3 1   2 3 1 2   3 1 2 3'K   F X K I K E.   2 3 1 2   3 1 2 3 1 2   99,

he hollered again. "return to the dock
AV VHCZXISW RUTZB. "KVHNIB MF HAV RHTY
3 1   2 3 1 2 3 1 2   3 1 2 3.   3 1 2 3 1 2   3 1   2 3 1   2 3 1 2

immediately or i'll charge you overtime."
BDAXU WTKSEP CK Z'ZE TVTIUX PCN FJXIHBDS."
3 1 2 3 1   2 3 1 2 3 1   2 3   1 2 3   1 2 3 1 2 3   1 2 3   1 2 3 1 2 3 1 2 .

"something is wrong, boss." his assistant
"LFAXKVBEU BJ KKFBZ, SCLJ." VBJ OLJWLKOGK
3 1 2 3 1 2 3 1   2 3   1 2 3 1 2 ,   1 2 3 1 .   2 3 1   2 3 1 2 3 1 2 3 1

said. "we only have 75 boats. there is no
GTZR. "PV CGCM ARJX 75 SCTKG. MYSKG WL EC
2 3 1 2 .   3 1   2 3 1 2   3 1 2 3   1 2   3 1 2 3 1 .   2 3 1 2 3   1 2   3 1

number 99." the manager thought for a
GLAUVF 99." MYS FRBTXSK KVHLUAK THI O
3 1 2 3 1 2   99.   3 1 2   3 1 2 3 1 2 3   1 2 3 1 2 3 1   2 3 1   2

moment. "boat number 66," he yelled. "are you
FFAXEH. "UFOM EIFSSK 66," YS RVZEVR. "TIS RFI
3 1 2 3 1 2 .   3 1 2 3   1 2 3 1 2 3   66,   1 2   3 1 2 3 1 2 .   3 1 2   3 1 2

having trouble out there?"
ARJBEU MICNSZX FIM KVXIS?"
3 1 2 3 1 2   3 1 2 3 1 2 3   1 2 3   1 2 3 1 2 ?"

　　"你们用的三个密码盘是 a-R 密码盘，a-O 密码盘和 a-T 密码盘，从这里我们可以看出你们使用的关键词是 ROT。讨厌！我们本来无论如何都想不出这个关键词的！"

破译女孩们的信息

　　"你们可以在仅仅知道关键词长度的情况下破译出我们的密

码."杰斯说,"做得太棒了! 来看看我们是否也一样可以破译出你们的密码."

"好啊!"艾比说,"我们的关键词长度是 4,祝你们好运."

男孩们开始在信息下面做数字编号,以便可以看出哪些字母是用同一个密码盘加密的.

他们发现使用第一个密码盘的密文中,出现最频繁的字母是 H,于是 e 和 H 对应起来得到 a-D 密码盘(如下图).他们用这个密码盘解密所有标有 1 的字母.通过这一步解密,他们发现关键词的第一个字母是 D.

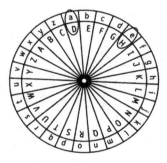

a-D 密码盘

```
     t       e       a        t        o         m
WP QVH    EMW  D   TUXWTQ   FRG    ZEPMP
1 2341    234  1   234123   412    34123

        e         t    w p q    i t o       y       t
NHAEI      WPQ   FLO   NSBA   UR  WPQ
41234      123   412   3412   34  123

        e        b        o      o      a       y         s
RHQSLEWDLRWP   GRVEXDVFPB   BQEVMP
41234 1234 1   234 1 23 41   234 1 23

        i   .       m        m  m e      h       f       e       m
LLU.    ESPMFMPME   XKMK   SINQVHL   TMP
412     34 1234 123   4123   41234 12   341
```

```
        o        b       e       n       e       d
1  OLRQOI  EMFAHMZ  E    QQOOHT  MRG  1
2    341234   1234    4      341234  341  2

     m.        s        l        s       k
PMPM.   VIVAQ   EOEMCV   BASN   BTI
3412    34123   412341   2341   234

n       e-      t        l,       w
QQOOHT-MJWMD   EOT,   UX   ZIE
123412  34123    412    34   123


     i         r.              b        o         a        e
FLOSIU.   BTI   EQS   FRGE   PDCSLHL
412341    234   123   4123   4123412

     d        g         .      o        a         t
MRG   TMYJPQH.   RVQ   HDG   MJWMD
341   2341234      123   412   34123


     e        g        b         h         c        ,      h
NHAEI   JZMFEMP   XKM   ZMFSQP   ,   KQE
41234   1234123    412   341234       123


     a         r         k          a        e          s
JDBTIU   BASN   PUQ   DAUHH   IZH   VIUH,
412341   2341   234    12341    234   1234

·  j        e,        s         y         e          i
·MMEWH,   BTSVM   NSBA   MVH   UMOLVS
12341      23412    3412    341    234123


     u         y        .       h        h         y
JXV   AJ   BWG.   XKMK   XKQZO   BWG
412   34    123     4123    41234     123


     o     '      n        h         m           w       h
HRV'F   OQWI   XKM   PMPM   UW   ZWDXK
412    3    4123    412    3412    34    12341


        e         n            n       e   .'       s
UAVH   BTEQ   BTI   QQOOHT.'   VIVAQ
2341   2341   234    123412        34123


     r      e          d       d,    ·      't         r
KUQZRHL   MRG   AMMG,   'LAR'W   EAVUG
4123412    341   2341      234   1    23412


     d.        .     o            i          t
PEG.   Q   WRRE   ILLKT   MV   EAVWP
341     2    3412    34123    41    23412


       r          t           t        t          i         ,
YSUM.   NYW   QR   M   WWAO   WPQ   HLUQ,
3412     341    23    4   1234    123    4123


     h           o         s         d        g            o
XKMK   ARCXH   VBAT   GWURJ   QF.   WR
4123   41234    1234    12341    23     41


       i'              o         c         t            o    .'
NMV   L'DQ   GRTXIFBQH   WMZ   HRTXEUA.
234    123    412341234      123    4123412
```

然后男孩们开始研究下面标有2的字母,他们做出了相应的统计表格(如下图):

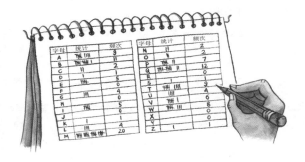

标有数字 2 的字母出现的频次统计表

游戏:完成女孩们信息的解密

(如果没有同学和你一起阅读本书,你也可以自己一个人完成破译工作,只是这样可能会在数字母的过程中花费比较长的时间)

1. 第一个密码盘.

第一个密码盘已经被破译了,哪个字母是对应 a 的呢?

2. 第二个密码盘.

(1) 用上图中表格的信息找出第二个密码盘,并且用这个密码盘破译出下面标有 2 的所有密文字母.

(2) 在第二个密码盘上,哪个字母是对应 a 的呢?

3. 第三个密码盘.

(1) 找出下面标有 3 的密文字母中 A、B、C、D……出现的次数.为了节省时间,可以分工合作,每人统计一小部分的密文,然后把统计结果合并,得出总数.

(2) 用上述结果找出第三个密码盘,并且用这个密码盘破译出下面标有 3 的所有密文字母.

(3) 哪个字母是对应 a 的呢?

4. 第四个密码盘.

(1) 用已经部分破译出来的信息猜测任何一个下面标有 4 的密文字母所对应的内容.用这个信息找出第四个密码盘,并且用这个密码盘破译出其他密文字母.

(2) 哪个字母是对应 a 的呢?

5. 女孩们用的关键词是什么?

 你知道吗?

刘易斯和克拉克

1803 年,美国总统托马斯·杰弗逊向梅里韦瑟·刘易斯上尉和威廉·克拉克上尉下达了一项重要任务:勘察美洲大陆的西部地区并且把那里的地形情况汇报回来.杰弗逊知道,他国政府不满他的这次考察行动.西部地区的领土归属尚未确定,而英国、西班牙、美国都想获得.实际上,西班牙曾经试图阻止刘易斯和克拉克的行动,只是没能赶上他们.

杰弗逊非常担心,一旦刘易斯和克拉克被抓获,那么他们所得到的宝贵信息会丢失,因此,他让两人定期向他汇报.他寄希望于本土的美国人和皮革商人会把这些信息带给他.他建议使用维热纳尔密码给信息加密,这样就不会被其他政府发现其中的秘密.他还写了封信告诉刘易斯和克拉克如何使用维热纳尔密码.现在没有证据表明刘易斯和克拉克后来使用了这种密码,但是的确存在一份杰弗逊总统用关键词"ARTICHOKE"加密的信息样本.

因数分解

"杰斯,你曾经在你原来就读的学校学过维热纳尔密码,对吗?"艾比问,"你有没有办法破译我外祖父留下的信息?"

"我们之前的确破译过一些维热纳尔密码信息,但是这已经是很久之前的事情了,所以我不记得所有细节了."杰斯承认,"但是我记得我们当时在信息中寻找到一些规律.于是我们根据这种规律求出了一些数的公因数.这个发现帮助我们解决了最核心的关键词长度问题."

"看来,我们需要复习一下以前学过的因数分解的内容了."詹妮说.

"好主意."艾比说,"然后我们再回过头来看看这些信息."

一个数的因数是指通过与其他整数相乘可以得到这个数的那些数.比如,3 和 4 都是 12 的因数,因为 $3 \times 4 = 12$. 12 的其他因数还有 1,2,6 和 12.

一个数的倍数是指把这个数乘一个整数(不含 0)所得到的那

些数.比如,3 的倍数是 3,6,9,12 等.每个数都是它的各个因数的倍数.

素数是指仅有两个因数(1 和它本身)的数,如 2,3,5,7,11.任何有两个以上因数的数都是合数,如 4,6,8,9,10.而 1 很特殊,它既不是素数,也不是合数.

练习
•••••

1. 找出下面各数的所有因数.

       15 24 36 60 23

2. 写出 5 的四个倍数.

3. 写出 30 以内的全部素数.

4. 写出既大于 30 又小于 40 的全部合数.

分解因数意味着把一个数分解成几个因数的乘积形式.把一个数因数分解,可以分解成多种形式.例如,8×9 和 36×2 都是把 72 分解因数的结果.但是把一个数分解为几个素数的乘积,这种形式只有一种,称为分解素因数.

素因数的分解可以从任何一种形式的因数分解入手,然后继续分解不是素数的那部分.有一种能体现分解素因数过程的方法叫"因数树".先把该数分解成两个因数,把素因数画圈.

把没有画圈的部分继续分解成两个因数:分解 36 的一种形式是 12×3.把 3 画圈表示它是一个素数.

再进一步分解非素数的数:分解 12 的一种形式是 4×3.把 3 画圈表示它是一个素数.

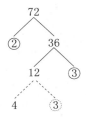

最后一个步骤是把 4 分解成 2×2,并且把两个 2 都画圈.

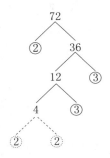

把整个"因数树"里所有画圈的数连乘,就得到 72 分解素因数的结果:72＝2×2×2×3×3.

下面是另外一种把 72 分解素因数的方式,尽管方法不同,但结果是一样的.

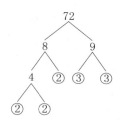

练习

5. 用"因数树"对下面各数分解素因数.

24　　56　　90

"像 72 这样的数是很容易因数分解的."贝基说,"我已经知道 72＝9×8 了,因为这是一个很基本的乘法运算,但是面对像 1 350 这样不在乘法运算表中的大数,我们应该如何入手呢?"

如果你可以迅速判断哪些数可以被哪些数整除,将会有很大帮助.其中一种判断方法是借助计算器,比如,299 是被 23 整除的,因为 299÷23 的结果是一个整数 13,且没有余数.

"我记得曾经学过一些整除的规则."伊薇说.

"你们可以用这些规则在没有计算器的情况下判断这个数是否可以被整除.如果能知道哪个数可以整除它,那么就可以知道它的一部分因数.让我们来归纳一个整除规则表吧."

大家开始制作规则表.

"这个规则表将帮助我们分解素因数."伊薇说.

整除规则

- 可以被 2 整除的数以 0,2,4,6 或 8 结尾.

比如,148 可以被 2 整除,但是 147 不可以.

- 可以被 3 整除的数,各个数位上的数之和可以被 3 整除.

比如,93 可以被 3 整除,因为 9+3=12,12 可以被 3 整除;而 94 不能被 3 整除;因为 9+4=13,13 不能被 3 整除.

- 可以被 4 整数的数,其最后两位数一定可以被 4 整除.

比如,13 548 可以被 4 整除,因为 48 可以被 4 整除;而 13 510 不能被 4 整除,因为 10 不能被 4 整除.

- 可以被 5 整除的数一定以 0 或 5 结尾.

比如,140 和 145 都可以被 5 整除,而 146 不能.

- 可以被 6 整除的数,既可以被 2 整除,也可以被 3 整除.

比如,2 358 可以被 6 整除,因为它既可以被 2 整除(它以 8 结尾),又可以被 3 整除(2+3+5+8=18).

- 可以被 9 整除的数,各个数位上的数之和也可以被 9 整除.

比如,387 可以被 9 整除,因为 $3+8+7=18$,18 可以被 9 整除.

• 可以被 10 整除的数以 0 结尾.

比如,90 和 12 480 都可以被 10 整除,但是 105 不能.

练习

用整除规则解答下面的问题.

6. 下面哪些数可以被 2 整除? 为什么?

284　181　70　5 456

7. 下面哪些数可以被 3 整除? 为什么?

585　181　70　6 249

8. 下面哪些数可以被 4 整除? 为什么?

348　236　621　8 480

9. 下面哪些数可以被 5 整除? 为什么?

80　995　232　444

10. 下面哪些数可以被 6 整除? 为什么?

96　367　642　842

11. 下面哪些数可以被 9 整除? 为什么?

333　108　348　1 125

12. 下面哪些数可以被 10 整除? 为什么?

240　1 005　60　9 900

"好."贝基说,"让我们试着分解一个大一点的数字,比如
1 350,我们应该从哪里开始?"

"很明显,1 350 是可以被 10 整除的."伊薇说,"那我们画一棵
'因数树'吧."

"把 10 分解成 5×2.至于 135,我发现它是可以被 5 整除的,
135 除以 5 得 27.这样,我们把 5,2 和 5 都画圈."

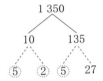

"然后,我进一步把 27 分解为 3×9,并且把 9 分解为 3×3.完
成后,我圈出所有素数."

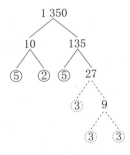

"现在我把所有素数相乘就得到 1 350 分解素因数的结果."

$$1\ 350=5\times2\times5\times3\times3\times3.$$

"如果我们以升序排列这些素因数,那么这个结果会更容易读取."

$$1\,350=2\times3\times3\times3\times5\times5.$$

如果在素因数分解的过程中,一个素因数反复出现了几次,那么用指数表示会更加方便.指数可以告诉我们这个数被重复乘了多少次.如果底数是 3,那么:

$$3^1=3,$$
$$3^2=3\times3,$$
$$3^3=3\times3\times3,$$
$$3^4=3\times3\times3\times3,$$
$$\cdots\cdots$$

用指数表示 1 350 分解素因数的结果是:$1\,350=2\times3^3\times5^2$.

"现在轮到你们来分解素因数了,1 404 如何?"伊薇对贝基说.

"我来试试."贝基说,"最后两个数字是 04,所以它一定可以被 4 整除.我将从这里开始写'因数树'."

"我把 4 分解为 2×2,并且把两个 2 都画圈,因为它们是素数.我发现 351 是可以被 9 整除的,因为 $3+5+1=9$ 可以被 9 整除.351 除以 9 得到 39,所以 351 可以分解成 9×39."

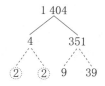

"我把 9 分解为 3×3,并且把两个 3 都画圈.我发现 39 可以被 3 整除,因为 3+9＝12 可以被 3 整除.我把 39 除以 3 得 13.因为剩余的这些数都是素数,所以我已经完成了整个分解过程."

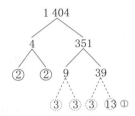

"把所有素因数相乘,就得到如下结果:1 404＝2^2×3^3×13."

练习

13. 用"因数树"对下面各数分解素因数,并且以指数形式写出结果.

2 430　4 680　357　56 133　14 625　8 550

两个或两个以上的数公有的因数称为这些数的公因数.比如,3 是 6,9,15 的公因数.

找公因数的一种方法是把每个数的所有因数都列出来,然后找到公有的因数.这种方法在因数不多的情况下比较好用.比如,要找出 12 和 30 的公因数,我们可以列出如下两行:

12 的因数:1,2,3,4,6 和 12,

30 的因数:1,2,3,5,6,10,15 和 30.

---

① 英文版原书此处未画圈,系笔误.——译者注

1,2,3,6 就是 12 和 30 的公因数,其中 6 是最大的公因数.

找公因数的另外一种方法就是把各个数都分解素因数,然后把相同部分的素因数相乘.我们同样用 12 和 30 来分析:

12 分解素因数的结果是 $2 \times 2 \times 3$,

30 分解素因数的结果是 $2 \times 3 \times 5$.

它们公有的素因数是 2 和 3.把它们相乘得到最大公因数是 $2 \times 3 = 6$.其他的公因数是 1,2,3.

对于那些多因数的数来说,第二种方法——分解素因数法——往往可以更快地找出所有的公因数.下面是另一个例子:

140 分解素因数得 $2 \times 2 \times 5 \times 7$,

60 分解素因数得 $2 \times 2 \times 3 \times 5$.

140 和 60 公有的素因数是 2,2,5,它们相乘得最大公因数是 $2 \times 2 \times 5 = 20$.

练习

14. 找出下面几组数的公因数.

　　　10 和 25　　12 和 18　　45 和 60.

15. 找出下面几组数的最大公因数.

　　　12 和 20　　50 和 75　　30 和 45

16. 对下面各组数分解素因数,并找出它们的公因数.

(1) 14,22,10.　(2) 66,210,180.　(3) 30,90,210.

你知道吗？

蝉

世界上存在两类蝉：周年蝉和周期蝉.周年蝉每年都会出现,而周期蝉会在同一个时间一起成熟,所以它们是周期性出现的.有4种周期蝉的生命周期是13年,另外3种周期蝉的生命周期是17年.有时它们会被称为"13年蝗虫"和"17年蝗虫",但是实际上,它们并非真正的蝗虫.

除了生命中的最后一年之外,周期蝉的一生都是待在地下的.它们出土后会进行交配,歌唱,产卵,然后死亡.因为罕见,所以它们的出现会成为重大新闻.但是周期蝉一旦出现,你就无法对它们视而不见,因为它们很吵而且无处不在.

虽然13年蝉和17年蝉可以生活在相同区域,但是如果它们同时出现,这个区域将会变得异常拥挤.幸运的是,这种情况绝少发生,因为它们的生命周期没有任何共同的非1因数——13和17都是素数.又因为$13 \times 17 = 221$,所以它们每221年才会同时出现一次.

不同类型的蝉往往生活在不同地方,所以它们具体出现的年份因地而异.伊利诺伊州在1990年发生过"蝉的侵袭"事件.2004年,17年蝉侵袭了华盛顿特区和美国东北部的许多地方.

第 10 节

利用公因数来破译维热纳尔密码

詹妮说:"嗯,我们已经弄清了在已知关键词长度的情况下如何破译维热纳尔密码.可是现在我们对关键词的情况一无所知,我们又怎么能知道它的长度呢?"

"这下难办了."艾比说,"我们可能永远也破解不了外祖父留下的信息了."

"不能轻言放弃."詹妮说,"也许还有一些蛛丝马迹我们没有发现,不如我们再仔细地研究一下我们刚刚已经破译的信息."

"在男孩的信息中,'KVX'出现了 4 次."伊薇边观察边说,"它每次都解密为'the'."伊薇用下划线标出了每一处的"KVX".

"快看."艾比说,"'GLAUVF 99'出现了 3 次,每次都解密为'number 99'."她也在每个"GLAUVF 99"下面划了条线.

"这是怎么回事?"丽拉自言自语,"我还以为维热纳尔密码会把相同的明文字母加密成不同的密文字母呢."

"大多数情况是这样的."詹妮说,"但是如果明文字母上方对

```
ROT  ROTROTR  OT  R  OTRO  TROTRO
the  manager  at  a  boat-rental
KVX  DOGRUXI  OM  R  PHRH-KVBMRZ

TROTROTROT  ROTR  OT  ROT  ROTR  OT
concession  went  to  the  edge  of
VFBVVGLZCG  NSGK  HH  KVX  VRZV  CY

ROT  ROTR  OTR  OTROTR      OTRO
the  lake  and  yelled,  'boat
KVX  CODV  OGU  MXCZXU,  'PHRH

TROTRO        TROT  ROTR    OTRO  TROT
number  99,  come  back.  your  time
GLAUVF  99,  VFAX  SOVB.  MHLF  MZAX

RO  TR      OTR  OTR  OTRO  TROT  R
is  up.'  but  the  boat  didn't
ZG  NG.'  PNK  HAV  PHRH  WZRG'K
```

应的关键字母相同时,情况就又不一样了.让我们看一个例子."

在男孩们的信息中(部分信息如上图所示),明文中有好几处"the".每当"the"上方对应关键字组"ROT"时,"the"就被加密成密文"KVX".然而,在上图第五段中,"the"上方对应的关键字组是"OTR",因此它加密后的密文便不一样了.

"相同的明文对应相同的关键字组会不会只是一种巧合?"伊薇问.

"可能不是巧合这么简单."詹妮说,"或许我们能找出一种数学规律."詹妮一直非常关注找出数学模型.

"看这里."艾比又有了新的发现,她按照关键字组"ROT"把所有信息划分成一个个字母块.(如下页图)

"第一个'the'和第二个'the'之间,对应的关键字组'ROT'共出现了13次.由于每个'ROT'有3个字母,因此这两个'the'之间就有13×3=39(个)字母."值得一提的是,艾比直接用乘法计算而不是数数.

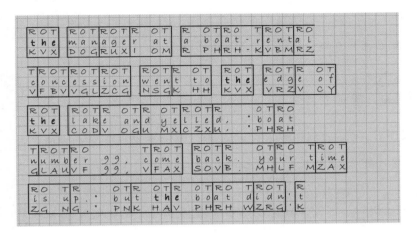

"而第二个'the'和第三个'the'之间,'ROT'共出现了3次,可见,它们的加密方式是相同的,而它们之间有 3×3＝9(个)字母。"

"这两组'ROT'之间的距离都是3的倍数."詹妮说,"因此,对于那些重复出现的字母串,例如'the',只要它们之间的距离是3的倍数,那么关键词'ROT'的三个字母也会按照同样的顺序排列在这个字母串上方。"

"换句话说,当两个相同字母串间的距离是3的倍数时,其对应的关键字组也相同。"艾比说.

显然,他们已经发现了一些有用的线索:

当明文中重复出现的字母串对应的关键词中的字母按照相同的顺序排列时,重复出现的字母串之间的距离是关键词长度的倍数.也就是说,关键词的长度是重复出现的字母串之间的距离的因数.

"第三个'the'和第四个'the'之间的距离是49,不是3的倍数,因此,对应的'ROT'的组合顺序不同,这也是第四个'the'对应的密文不同于其他三个的原因."

 提示

重复出现的字母串之间的距离,是指从第一个字母串的开头字母数起,一直数到重复出现的第二个字母串的开头字母为止(不包含第二个字母串的开头字母;标点或空格均不计算在内).

例如,在 XYZABCDXYZ 中,重复出现的字母串 XYZ 之间的距离是:

X Y Z A B C D X Y Z
1 2 3 4 5 6 7

于是,得出距离为7.

练习

下面是两段梅里韦瑟·刘易斯在他和克拉克勘察美洲大陆西部时写的日记.(尽管一些单词的拼写与现代英语有些不同,但是此处仍原汁原味地摘录如下)

1. Sunday, May 20,1804

"We set forward... to join my friend companion and fellow labourer Capt. William Clark, who had previously arrived at that place with the party destined for the discovery of the interior of the continent of North America. ... As I had determined to reach St. Charles this evening and knowing that there was now no time to be lost I set forward in the rain ... and joined Capt. Clark, found the party in good health and sperits."

（1）找出文中所有的字母串"the"，包括出现在单词中的，例如"**the**re".

（2）计算最后一句话中连续出现的两个"the"之间的距离.（不计标点或空格）

（3）从"RED, BLUE, ARTICHOKES, TOMATOS"中选一个作为关键词，给文中最后连续出现的两个"the"之间的句子（如下所示）加密，使得这两个"the"加密后的密文相同.用这个关键词加密这句话.

the rain ... and joined Capt Clark, found the party

（4）从"RED, BLUE, ARTICHOKES, TOMATOS"中选一个作为关键词，给文中最后连续出现的两个"the"之间的句子（如下所示）加密，使得这两个"the"加密后的密文不同.用这个关键词加密这句话.

the rain ... and joined Capt. Clark, found the party

（5）除了（3）和（4）中选用的单词外，如果用"RED, BLUE, ARTICHOKES, TOMATOS"中剩下的单词给这两个"the"之间加密，哪些单词会使加密后的密文相同，哪些会使加密后的密文不同？请说明理由.

2. Wednesday, April 7, 1805

"We were now about to penentrate a country at least two

thousand miles （3219 kilometers） in width, on which the foot of civilized man had never trodden; the good or evil it had in store for us was for experiment yet to determine, and these little vessells contained every article by which we were to expect to subsist or defend ourselves. ... I could but esteem this moment of my departure as among the most happy of my life."

（1）找出文中所有的字母串"the".

（2）计算第二行中的"the"和第三行中"the"之间的距离,并列举出所有能使这两个"the"加密后的密文相同的关键词的长度.

（3）计算第三行中的"the"和第五行中"these"之间的距离,并列举出所有能使这两个"the"加密后的密文相同的关键词的长度.

（4）要同时使（2）和（3）中的"the"加密后的密文相同,关键词的长度是多少?

（5）下列哪些单词作为关键词,能同时使（2）和（3）中的"the"加密后的密文相同?

PEAR, APPLE, CARROT, LETTUCE, CUCUMBER, ASPARAGUS, WATERMELON, CAULIFLOWER

（6）先抄写从第二行的"the"到第五行的"these"的这段文字,然后选一个关键词,把这个关键词写在这段话上面,再用这个关键词给这段文字中的"the"加密.（不需要加密整段文字）

"到现在为止,我们仅仅明白了明文中重复出现的字母串是怎么加密的."詹妮说."要破译信息,还需要找出密文的规律."

"或许我们能利用信息中的重复出现的字母串的距离,反过来找出关键词的长度.我们可以将距离分解因数,找出可能的长度值."艾比说.

蒂姆问:"关键词长度一定就是密文中相邻的重复出现的字母串间距离的因数吗?"

"我们再看看另外一条信息."伊薇建议,"我们发送给男孩们的密文信息里的关键词长度不同于男孩们的信息,我们再试试."

练习

3.(1) 找出第89~90页中女孩的密文信息中重复出现的字母串.

(2) 将找到的重复出现的字母串整理成如下表格的形式.

女孩信息中的重复字母串			
关键词＝DIME　　关键词长度＝ 4			
字母串	字母串之间的距离	距离是不是关键词长度的倍数	倍数
XKM	136	是	34
XKM	68		
XKM	20		
XKM	100		
ZMF(第10行)			

(3) 关键词长度_____是相邻的重复字母串之间的距离的因数.(填"一直""通常"或"偶尔")

破译外祖父的信息

仔细观察了他们已经译出的信息后,俱乐部的成员们总结了以下的规则:

在维热纳尔密码信息中,两个重复出现的字母串之间的距离通常是关键词长度的倍数.

"这个'通常'挺烦人的."艾比说,"难道我们就不能找出一个一直都管用的规则吗?"

"找不到呀,但是配合信息中的其他线索,我们能够判断我们的推理是否正确."詹妮说,"我们试着用这个规则来推测外祖父信息中的关键词长度吧."

首先,他们开始找重复的字母串.

A VNNS SGIAV GVDJRJ! WG OOF AB GZS UAZYK PRZWAV HUW HESRVFU CGGG GB GZS AADVYCA JWIWF NL HUW BBJHUWFA LWC GT YSYR KICWFVGF. JZWYW VVCWAY, W SGIAV GBES FZWAQ GGGBRK. ZNLSE A PEGITZH GZSZ LC N ESGSZ

RPDRJH GG VNNS GZSZ SDCJOVKSQ. KIEW SAGITZ, HUWM NJS FAZIWF—VF O IWFL HIEW TBJA. GZSEW AHKH OW ABJS—V OWYD FRLIEF OAV GGSYR S QYSWZ.

外祖父的信息

字母串"GZS"一共出现了 5 次.第 1 次出现和第 2 次出现之间的距离为 30 个字母,第 2 次出现和第 3 次出现的距离为 90 个

字母,第 3 次出现和第 4 次出现的距离为 24 个字母,第 4 次出现
和第 5 次出现的距离为 51 个字母.

根据规则,那么这些距离都是关键词长度的倍数,也就是说,
外祖父的密文信息中的关键词长度是每个距离的因数.为了找出
这个因数,要对各个距离进行素因数分解:

$$30 = 2 \times 3 \times 5 \qquad\qquad 90 = 2 \times 3^2 \times 5$$

$$24 = 2^3 \times 3 \qquad\qquad 51 = 3 \times 17$$

由此可得公因数 3.于是可猜想 3 就是关键词的长度.

"等等."蒂姆说,"3 可能是关键词长度,但我们还需要验证一
下我们刚刚找出的其他字母串之间的距离是否也是 3 的倍数."

下面的表格中列出的是他们找出的重复字母串及相应的
距离.

重复字母串	相邻两个重复字母串之间的距离
VNNS	162
SGIAV	105
GZS (出现了 5 次)	30
	90
	24
	51
GGG	76
SYR	162
HUW (出现了 4 次)	

（续表）

重复字母串	相邻两个重复字母串之间的距离
IWF（出现了 3 次）	
IEW	
GITZ	
ZWA	

外祖父的信息中重复出现的字母串

练习

4.（1）在外祖父的信息中找重复的字母串,并计算字母串之间的距离.（至少要找出两种字母串,每种字母串的距离都与表格中列出的距离不同）

（2）判断 3 是否是表格中列出的距离和(1)中计算出的距离的因数.

（3）如何判断 3 是否是一个数的因数?

（4）你认为把 3 作为外祖父的信息中关键词的长度是否合适? 为什么?

这些小密码迷觉得,把 3 作为外祖父信息的关键词长度是一个不错的主意.他们将信息的字母分成三组,并分别破译一组字母.

第一组:信息中的第 1,4,7…位字母;

第二组:信息中的第 2,5,8…位字母;

第三组:信息中的第 3,6,9…位字母.

他们通过数数,找出每组字母中出现频率最高的字母,并整理成表格.(如下表)

	出现频率最高的字母
密码盘一	W, G, Z, J
密码盘二	S, W, H, I
密码盘三	G, A, R, V
明文字母	e, t, a, i

练习

5.(1) 破译外祖父的信息.(为了节约时间,可直接利用表中的信息.由于信息篇幅较长,可以多人合作完成)

(2) 外祖父使用的关键词是什么?

第二天,彼得来参加俱乐部的活动了."我参加游泳训练去了,谁能告诉我是怎么找出外祖父信息中的关键词长度的?"

"当然."艾比说,"我们找出了信息中重复字母串之间的距离,然后假定大多数的距离是关键词长度的倍数."

"也就是说,"詹妮补充道,"我们假定关键词长度是大多数距离的因数."

蒂姆说:"是啊,于是我们就对每个距离分解因数,找出它们的公因数."

提示

关键词的长度是重复字母串之间距离的公因数.这是用于破译维热纳尔密码的重要猜想.

练习

练习6~8中分别给出的是用不同的关键词加密的外祖父的信息.由于前文已经将信息破译了,因此练习6~8中只要找出关键词的长度即可.这几条信息都附了一个表格,统计了信息中重复的字母串和部分字母串之间的距离.

根据每条信息作答:

(1) 核对并补充表格.在信息中找出至少六种重复出现的字母串,并计算字母串之间的距离.(其中至少要有两种字母串的距离与表格中已列出的距离不同)

(2) 对补充后的表格中列出的距离和计算出的距离进行因数分解.

(3) 猜测关键词的长度,并说明理由.

6. O VLYK TZXTR DLRJPU! OH HDY WY WNS SLRZD EKVTQJ HSH ZFLGOBR SUGE RT HSH TWALMCY UOJPU GH EKK BZUZVPUT HTS UT WDQS DXVSCLUF. HKOZP KOYTQM, W QRABO

VUAP VNWYB YHZQKG. WDZSC L HFZXMVE WNSX
WU O XHZOW HDDPUZ HZ KGJP WNSX DVDCDOGPG.
YICH KBZXMV, EKKM LUK GTOBSC—LT O GHXM
AXXS QRXA. EKKFP PAGE EK AZUK—W HLRZ
CHZICQ GBO VZOVH G QWDOA.

练习 6 中的重复字母串	相邻两个重复字母串之间的距离
JPU	52
WNS （出现了 3 次）	120
HSH	
EKK （出现了 3 次）	120
WNSX	24
ZXMV	
LRZ	208

7. A LCMI YGYPU WBDZGI! MM OEU ZR MZI
JZPEK FGYMGV XJV XKSHKEK IGWV FR MZI
PZTBYSP IMOWV CK XAW RQIXAWVP KMI GJ NROX
KYRVVBGV. YYMEW LKBMGY, M HFYGV WQDI
LZMPP WMGRGJ. PTLIT Z FKGYIYX MZIO KS T
EIVRP XPTGIX MG LCMI MZIO RTIJEKJIW. KYTV

IGGYIY，XAWC CII LAPXVV—BF E XVVR HYTV JHJQ. VYIKW QWJX UW QQII—B OMNC VXLYTE EGV WVROX S GNRMF.

练习 7 中的重复字母串	相邻两个重复字母串之间的距离
LCMI	162
MZI （出现了 4 次）	90
XAW （出现了 3 次）	114
ROX	162
MZIO	
YTV	
GYIY	
XVV	

8. I WPGI FDJYH SXAGIR! XI HES XC ELE WXWPS QTSMNS ISI TGPOMNV EZWT DC ELE CXAMGDC CMVTG LX TWT YSRIWPVN IXA SF APVI SJEPVIDG. HLIAT SMKXCR，M FDJYH SDBP WHXCJ WTDCPW. LPIPV I QGZYGWI ELEB IZ E MTILP EMEPVT ID SEVT ISIM PEAVAXHPH . SJGP INDJRL, TWTJ ERT HTPVTG—TR A KTCC PJGP JOGB. ELEGT

XYSI QP QOGT—T AIAA CITJGY ENS HEEKT P NPAXB.

练习8中的重复字母串	相邻两个重复字母串之间的距离
FDJYH	105
ELE （出现了4次）	90
ISI	130
VTG	120
TWT	
PVI	135
PVT	
JGP	
EPV	

9. 下面是一段维热纳尔密码信息，请你收集数据来推测关键词，然后破译这条信息。（请注明使用的关键词）

　　ECF DXS GHXM NOKJPU. ECF FXONNKR L YOUPQKFP FODSHX. DPRVZP XYSO WU HSLTY EKGH HDY WXSUGDLHZP. VU MZX YVZXRR MH BSCB VFZXJ. MZX ICFOJ PP D YSNUKH LJKBE. PGMMH ECF VNCFOJ HCB ECFU YYTORG ZQ ZVP EKOWH IWAKKFD. QUPZGE VLV IFLFQSO WNSX BKH, MXZ WQ BUI OR, ECF POUSW JWDFUJPU G

HCHGGFUK KZUZV XLRZTRTG ZI JCWOGFD.

10.请用通俗的语言描述,在对关键词一无所知的情况下如何破译维热纳尔密码信息.

故事的尾声

"妈妈! 妈妈!"詹妮和艾比一回家就迫不及待地告诉她们的妈妈."外祖父发现了银矿,我们发现了他写的密信,破译以后知道了这个消息."

"哦,是嘛?"

"怎么啦,妈妈? 你一点都不兴奋吗? 你不相信我们吗?"

"我当然相信你们.但是此事我们也无能为力.许多年前他发现了银矿,后来又找不到了.这是家族里流传多年的故事."

"这个故事来自你们外祖父的祖父,他是一位非常棒的探险家.在他年轻的时候,他加入了加拿大的海岸警卫队,并驻守在苏必略湖(Lake Superior).有一次,在他登岸度假时,他沿着尼皮贡河(Nipigon River,苏必略湖的北部上游地区)徒步旅行.那里有一个商栈,除此之外别无他物.他爬上了商栈后面的山脊.然而,出乎预料的是,天很快就黑了,他无法在黑夜里找到回去的路,只好在一个洞穴中过夜."

"第二天早上,他在洞穴里发现了一些样貌奇特的岩石.他收集了一些,然后迅速回到了船上.当他的船在蒙特利尔靠岸后,他把这些岩石送去检测.经过检测,这些岩石非常有价值,里面含有丰富的银矿.每个人都很想知道他是怎么得来这些岩石的,但他却把岩石都保存好,并保守着秘密,心里一直计划着返回那个洞穴."

"许多年以后的一个假期,他带着他的儿子,也就是我的祖父,回到了尼皮贡河.他们花了三周时间去寻找他记忆中那个商栈后面的藏有银矿的山丘.但是他们一无所获.在假期的最后一天,他们在商栈前面的码头上遇到了一位老渔夫,你们外祖父的祖父提起他二三十年前曾来过这里.老渔夫说,'哦,我猜你一定不知道那场火灾.原先,在河的对岸有个商栈,但是若干年前被火烧了,于是人们就在河的这一边新建了一个.'"

"原来他们花了整个假期寻找银矿,结果却找错了方向!当时他们已经没有时间继续寻找,后来也一直没有机会再回去寻找."

"这个故事一直在家族里流传,当我还是个小女孩的时候,我的父亲带着我去尼皮贡度假,发现那儿修了个水坝,故事中所有的地标都不见了,可能是淹没在水下了.于是,你们曾曾外祖父的宝藏就再也没被发现了."

？ 你知道吗?

一次性密码和原子弹间谍

如果维热纳尔密码的关键词同信息一样长,甚至比信息更长的话,那么其中就无任何规律可言,密文就很难被破译了.不过,值得一提的是,这样的关键词只能用一次,否则会很容易被找出规律,以致被破解.

20世纪20年代,德国外交官初次使用这个密码系统时,他们把关键词记录在便签本上,每一页上的关键词都不相同.每当完成一条信息后,这页便签纸就立刻被撕掉,再也不用了.这样的密码称为一次性密码.直到今天,人们都还在使用它,因为它是唯一的不可破译的密码.

最早记录一次性密码的便签本,后来演变出各种形式.比如,曾有一位苏联特工被捕时,身上就藏了一个邮票大小的小册子.有的一次性密码纸被做成了卷轴形状.间谍们想尽了各种方法来藏匿他们的一次性密码纸,曾有间谍在打火机的底座中藏了很多密码卷轴.

既然一次性密码安全系数高,那为什么不能普遍应用呢?原因之一是,每发出一条信息,都需要一个新的密钥(关键词),而编制密钥是一件难事.特别是在战争年代,每一天都要发出数以千计条信息,要供应这么多的不重复的密钥几乎是不可能的.所以,一次性密码还是更多地被各国政府的间谍们用于传递情报.

在20世纪40年代,苏联人曾没有严格遵守密钥一次性的原则.或许是由于当时的战事所迫,他们没有足够的时间和精力编制新的密钥,又或许是一时疏忽,把一个密钥印刷了两次,其真正的原因已无从查证.但不管是有意还是无意,事实是他们重复使用了同一个密钥,而这就已经为美国的密码专家提供了足够多的线索,从而破译了一些信息.根据这些破译的信息,美国政府获得了许多为苏联提供原子弹秘密情报的美籍和英籍间谍名单,并逮捕了他们.自 1943 年至 1980 年,一个名叫"VENONA"的机构一直秘密地从事着密码破译工作.他们的故事,直到 1995 年才被公布于众.

第 4 章

模运算（计时运算）

第 *11* 节

模运算介绍

　　蒂姆是个"问题"儿童,总是不停地问问题.他想要知道事物为什么是这样的,于是经常问"为什么".对于蒂姆的提问,老师通常都会给予鼓励和回答,但是有一天,老师忙得不可开交,蒂姆又提出一个新问题,于是老师不耐烦地说:"有些事一直就是这样的,就像 2+2=4,4+4=8,8+8=16 一样,你只要接受就好了."

　　蒂姆并没有接受老师的回答,而是把它当作一个挑战,他决定找一个反例来说明老师给出的知识并不都是正确的.他开始思考各种算术运算,希望能从中找到例子.直到晚上临睡前他还在想,"现在是晚上 10 点,如果我想要睡够 8 小时的话,我就要把闹钟调到早上 6 点."

　　"啊!原来如此!在计时运算中,晚上 10 点+8 小时=早上 6 点,所以 10+8 不总等于 18.老师说 8+8 总等于 16,但是在计时运算中 8+8=4.哈!我都迫不及待地想要告诉老师了."

　　第二天,蒂姆在班级里宣布了他的发现.同学们一致认为,计时运算的加法运算是十分特殊的.当和小于 12 时,计时运算的加法运算与普通的加法运算一样,如 $6+3=9$.但是,当和大于 12 时,就要把 13 当作 1 并重新计数了,这时就和普通的加法运算不一样了,如 $6+7=1$(计时运算).

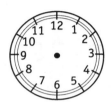

练习

1. 丽拉星期六上午 11 点要参加一场 3 小时的节目排练,排练结束的时间是几点?

2. 彼得同家人一起去匹兹堡看望祖母和表兄妹马勒、伯达尼.车程需要 13 小时.如果他们上午 8 点出发,那么他们什么时候能到达匹兹堡?

3. 如果要去拜访彼得的外祖母,那么需要更长的时间.首先,他们要驾车行驶 12 小时,然后在旅馆过夜(8 小时),然后再行驶 13 小时.如果他们星期六上午 10 点出发,那么他们将会几点到达外祖母家?

4. 利用计时运算解答以下的问题.

(1) $5+10=$ _____.   (2) $8+11=$ _____.

(3) $7+3=$ _____.   (4) $9+8+8=$ _____.

5. 詹妮全家正在计划一个 5 小时车程的旅游.如果他们想要下午 2 点到达目的地,那么他们应该几点出发?

6. 练习 5 是计时运算的减法运算问题,我们可以用倒数时钟的方法解决.用同样的方法计算下列各题.(如果需要,可以看着钟面回答)

(1) 3－7＝_____.　　(2) 5－6＝_____.

(3) 2－3＝_____.　　(4) 5－10＝_____.

24 时计时法

彼得给艾比出了一个他最喜爱的老谜语:"钟敲十三下,是什么时候了?"(What time is it when the clock strikes thirteen?)

艾比想了想,但是想不出答案,因为她家里所有的钟最多敲十二下.

"那就是该换一个新的钟的时候."(It is time to get a new clock.)彼得说.

彼得的谜语中暗含着一个假设:会报时 13 点的钟肯定是坏了.但实际上,有一些钟的钟面上带有 24 个数,能用不同数表示一天中的 24 小时.

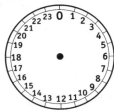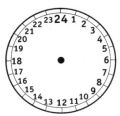

在这个 24 时制的钟面上,每一个整点都对应着不同的数.其中,中午 12 点之前的数表示和我们常见的时钟一样,但是到了下午和晚上就不一样了,这时每个整点对应的数就是 13～24 了.比如,13:00 表示下午 1 点,14:00 表示下午 2 点,依此类推,直到 24:00.而午夜既可以表示为 0:00,也可以表示为 24:00.

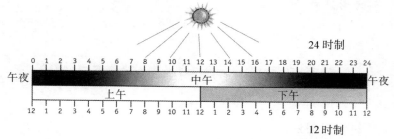

有了 24 时制,你不需要在时刻前加上"上午"和"下午"了.因为只需要看时刻是比 12 大还是比 12 小,就可以判断出是上午还是下午了.

对 12 时制和 24 时制进行换算并不复杂.在两种计时方法中,上午的时刻表示是一致的,而下午和晚上的时刻,只需要将 12 时制的时刻加上 12 就可以换算成 24 时制的时刻,或者将 24 时制的时刻减去 12 就可以换算成 12 时制的时刻了.

例如,将下午 9:00 换算成 24 时制的时刻,用加法:9＋12＝21,得到的 21:00 就是下午 9:00 的 24 时制的时刻.又如,将 16:00 换算成 12 时制的时刻,用减法:16－12＝4,得到的下午 4:00 就是 16:00 的 12 时制的时刻了.

24 时计时法一直广泛地使用于欧洲,现阶段在美国也越来越普及.通常它用于火车和汽车时刻表,从而克服了 12 时计时法上下午的时刻易混淆的缺点.由于它一直是被军方机构使用的计时法,因此有时也被称为"军用时间".

练习

7. 用 24 时计时法表示下列时刻:

(1) 下午 3:00.　　(2) 下午 9:00.　　(3) 下午 11:15.

(4) 下午 4:30.　　(5) 下午 6:45.　　(6) 下午 8:30.

8. 用带有"上午"或"下午"的 12 时计时法表示下列 24 时制的时刻:

(1) 13:00.　　(2) 5:00.　　(3) 19:15.

(4) 21:00.　　(5) 11:45.　　(6) 15:30.

9. 用 24 时计时法计算下列计时问题:

(1) 20 + 6 = _____.　　(2) 11+17 = _____.

(3) 22−8 = _____.　　(4) 8−12 = _____.

10. 用 10 时计时法计算下列计时问题:

(1) 8+4 = _____.　　(2) 5+8 = _____.

(3) 7+7 = _____.　　(4) 10+15 = _____.

(5) 6−8 = _____.　　(6) 3+5 = _____.

11. 探究:2+2 一定就等于 4 吗? 找出一个计时法的反例.

模运算

当艾比看到了蒂姆写出的一些计时运算问题的答案时,她惊奇地问:"你怎么了? 这些答案都是不对的!"

"这些答案都没有错,"蒂姆反驳道,"这不是通常的算术运算.这是计时运算,一定有某种方法可以描述这种运算."

他们的老师提供了关于计时运算的一个数学术语——模运算."模"(通常记为 mod)表示计时的类型.例如,"mod 12"表示采用的 12 时计时法,而"mod 10"则表示 10 时计时法,等等.因此,练习中的"$8+4=\underline{\qquad}$"可以表示为 $8+4=2(\bmod 10)$,这个式子能够清楚地表明,这是一个计时运算.

为了更好地理解模运算,有必要先了解哪些数在钟面上的位置是相同的.例如,2,14,26 和 38 等,它们在 12 时制的钟面上的位置都是相同的.

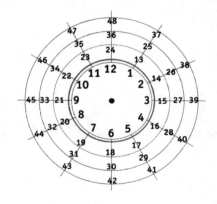

练习

12.(1) 如上页图,找出在 1～48 范围内,在 12 时制的钟面上与 3 的位置相同的数.

(2) 如果上页图中的数继续增大,那么在 49～72 范围内,又有哪些数与 12 时制的钟面上的 3 位置相同?

13.(1) 列出在 1～48 范围内,所有与 12 时制的钟面上的 8 位置相同的数.

(2) 如果数继续增大,那么在 49～72 范围内,又有哪些数与 12 时制的钟面上的 8 位置相同?

14.(1) 如何用模运算的式子来表示那些在 12 时制的钟面上与 5 位置相同的数?

(2) 在 49～72 范围内,哪些数与 12 时制的钟面上的 5 位置相同?

在模运算中,对那些在钟面位置相同的数作了定义.若两个数的差是 n 的倍数,则这两个数关于模 n 等价(equivalent mod n).两个数的差是 n 的倍数,意味着这两个数在 n 时制的钟面上的位置相同.例如,37 和 13 关于模 12 等价,因为它们的差:37－13＝24,是 12 的倍数.

用符号"≡"表示等价.例如,上面这个例子中,"37 和 13 关于模 12 等价"就可以表示为 37≡13(mod 12),括号中的"mod 12"表示是采用 12 时计时法的.

等价符号"≡"与等号"＝"很相似,但它们其实是有些不同的.若干数等价仅仅意味着它们在钟面上的位置相同,但不表示它们一定是相等的,所以这个等价符号看上去也与等号略有不同.

"关于模 n 等价"的另一种表达是"关于模 n 同余"(congruent mod n).你可能已经在几何学习中接触过"全等"(congruent),两个全等三角形形状相同、大小相等,看上去一模一样."全等"意味着事物在某种特定的方式下的表现相同.

把一个数加上模的倍数,可以找出这个数关于模的等价数或同余数.例如,13,25,37,49 都是 1 关于模 12 的同余数,因为它们都可以写成 1 加上 12 的倍数的形式.

$$1+1\times12=13.$$
$$1+2\times12=25.$$
$$1+3\times12=37.$$
$$1+4\times12=49.$$

练习

15. 分别写出下列数关于模 12 的同余数:(列举 3 个)
(1) 6.　　　　(2)9.

16. 分别写出下列数关于模 10 的同余数:(列举 3 个)

(1) 2.　　　　(2) 9.　　　　(3) 0.

17. 分别写出下列数关于模 5 的同余数:(列举 3 个)

(1) 1.　　　　(2) 3.　　　　(3) 2.

关于模 n 的化简

为了计算方便,在进行模 n 的运算时,通常只用 0 至 $n-1$ 范围内的数.如果计算过程中出现了其他数,我们都可以把它化简为 0 至 $n-1$ 范围内的关于模 n 的同余数,也就是这个数被 n 除的余数.

例如,37 和 $1,13,25$ 等关于模 12 同余,而这些数中,属于 0 至 11 范围的只有 1,所以,可以将 37 关于模 12 化简为 1.

通常,用不带括号的"mod n"来表示一个数关于模 n 的化简(或者说求这个数的余数).例如,"37 mod 12"表示求 37 除以 12 的余数.同时,在关于模 n 的化简表达式中,用等号(而不是等价号)来连接式子与结果.记作

$$37 \bmod 12 = 1.$$

艾比觉得她已经理解了模运算,但是还不能确定是否掌握了模的化简.

杰斯说:"我们可以试一试.试着化简:40 mod 12."

"这是关于模 12 的运算,计算 40 关于模 12 的同余数,计算结果应该是在 0 至 11 范围内的.一种方法是将 40 连续地减去 12,直

到得到一个 0 至 11 范围内的数.

$$
\begin{array}{r}
40 \\
-\ 12 \\
\hline
28 \\
-\ 12 \\
\hline
16 \\
-\ 12 \\
\hline
4
\end{array}
$$

"算到一个小于 12 的数就停下,于是得到 4."

"嗯."艾比说,"如果减去 12 的倍数,不是会更快吗? 12 的倍数中小于 40 的最大的数是 36,3×12＝36,于是,40－36＝4."

"是啊."杰斯说,"还可以用除法找出余数."

$$
\begin{array}{r}
3 \\
12\,\overline{)\,40} \\
36 \\
\hline
4
\end{array}
$$

"所有的方法都得出相同的答案:40 mod 12＝4."

模运算中也包含了负数,因为负数可以表示按逆时针方向数出的时刻.例如,－3 表示在 12 时计时钟面上从 12 点倒推 3 小时,因此－3 mod 12＝9.要得到这个化简结果,我们也可以通过加 12 的方式得到一个 0 至 11 范围内的数:－3＋12＝9.

练习

18. 化简.

(1) 8 mod 5.   (2) 13 mod 5.

(3) 6 mod 5.   (4) 4 mod 5.

19. 化简.

(1) 18 mod 12.　　(2) 26 mod 12.

(3) 36 mod 12.　　(4) 8 mod 12.

20. 化简.

(1) 8 mod 3.　　(2) 13 mod 6.

(3) 16 mod 11.　　(4) 22 mod 7.

21. 化简.

(1) −4 mod 12.　　(2) −1 mod 12.

(3) −6 mod 12.　　(4) −2 mod 12.

22. 化简.

(1) −4 mod 10.　　(2) −1 mod 10.

(3) −6 mod 10.　　(4) −2 mod 10.

23. 化简.

(1) −3 mod 5.　　(2) −1 mod 5.

(3) 8 mod 5.　　(4) 7 mod 5.

24. 化简.

(1) −2 mod 24.　　(2) 23 mod 20.

(3) 16 mod 11.　　(4) −3 mod 20.

 游戏:同余

• 分组(4 到 7 组都比较理想),每组派一个代表,面朝大家站成一条直线.

• 第一组从 10 至 30 范围内选择一个数.站成一条直线的小组代表依次开始报数,1,2,…一直报到这个数为止.

• 最后报到这个数的代表所在的队就得一分.例如,假设有四个队 T1、T2、T3 和 T4,如果被选定的数为 11,那么按照规则报到 11 的代表是 T3 队的,T3 队加一分.

T1	T2	T3	T4
1	2	3	4
5	6	7	8
9	10	11	

• 下一个队再选一个数,然后报数……

• 玩一会之后,可以重新分成不同组数的小组继续游戏.

你知道吗?

美国是怎样加入第一次世界大战的

1914 年,当欧洲爆发战争时,美国没有立即加入.为了阻止美国加入战争,时任德国外交部部长亚瑟·齐默曼(Authur Zimmermann)想出了一个让美国忙于内务无暇加入战争的计策.他计划说服墨西哥总统攻打美国,收复"失地"——德克萨斯州、新墨西哥州和亚利桑那州.

齐默曼在给德国驻美国华盛顿大使的密信中描述了这个计划,借由大使转达给墨西哥总统.但是这个倒霉的德国人没有想到,传送信息的电缆途经英国,英国人截获了这封密信.英国人很快发现这封密信是按照最高机密的加密标准加密的,他们意识到——必须破译这封密信.

英国人破译了密信后,他们想要把这个消息告诉美国人,从而让美国加入到战争中,成为他们的同盟,但同时他们又不希望德国人知道他们的密信已经被破译了.英国人想出了一个更聪明的办法.

英国人知道,德国大使会将这封密信破译了之后再交到墨西哥总统手里,于是他们派一个间谍去窃取破译好的密信.这个破译好的密信交到了美国,而英国也不用告诉任何人,他们知道如何破译德国的密信.为了确保没人怀疑他们拦截并破译了密信,英国人甚至在报纸上批评他们的秘密机构不拦截齐默曼的电报!

当美国总统伍德·威尔逊(Woodrow Wilson)知晓齐默曼的计划后,他认为德国在鼓动一场对美国的侵略战争.1917 年 4 月 2 日,威尔逊总统向国会提议对德国宣战.四天后,美国正式加入第一次世界大战.

模运算的应用

———— ••••• ————

　　"我想,我们在密码活动中一直在用模运算,只是没意识到而已."蒂姆说.

　　"对啊."丽拉表示赞同,"用恺撒密码时,我们把字母记成数,然后用加法直接加密,当和大于 25 时,就用 0 代替 26,用 1 代替 27,等等.这就可以看成是关于模 26 的化简."

　　蒂姆和丽拉的想法是正确的,上述过程可以用模运算表示为:

$$26 \bmod 26 = 0.$$
$$27 \bmod 26 = 1.$$
$$28 \bmod 26 = 2.$$
$$\cdots\cdots$$

　　而对一个负数进行关于模 26 的化简,只需要加上一个 26 的倍数,得到 0～25 范围内的一个数即可.

$$-1 \bmod 26 = 25.$$

$$-2 \bmod 26 = 24.$$

$$-3 \bmod 26 = 23.$$

······

练习

1. 化简.

(1) 29 mod 26.　　　　　　(2) 33 mod 26.

(3) 12 mod 26.　　　　　　(4) 40 mod 26.

(5) −4 mod 26.　　　　　　(6) 52 mod 26.

(7) −10 mod 26.　　　　　(8) −7 mod 26.

在练习 2 和练习 3 中,参照表格中的加密规则,用乘法加密.

2. 用"5 倍乘法"给单词"Jack"加密,前两个字母的加密过程已作为范例给出.

5 倍乘法	J	a	c	k
用密码条把字母转换成数	9	0		
乘 5	45	0		
关于模 26 作化简	19	0		
把数转换成字母	T	A		

3. 用"3 倍乘法"给单词"cryptography"加密,前两个字

母的加密过程已作为范例给出.

3 倍乘法	c	r	y	p	t	o	g	r	a	p	h	y
用密码条把字母转换成数	2	17										
乘 3	6	51										
关于模 26 作化简	6	25										
把数转换成字母	G	Z										

蒂姆和朋友们决定使用一种新的加密法——"11 倍乘法"密码：先把字母变换成数，再乘 11，然后把计算结果关于模 26 化简.但是，一个数乘 11 的得数往往比较大.蒂姆和朋友们得找个好方法，来做这些大数关于模 26 的化简.例如，给字母 o 加密，o 对应 14[①]，$11 \times 14 = 154$，要计算 154 mod 26，该怎么办呢？

丹的计算方法是重复地减 26，直到得到小于 26 的数为止.

$$
\begin{array}{r}
154 \\
- \quad 26 \\
\hline
128 \\
- \quad 26 \\
\hline
102 \\
- \quad 26 \\
\hline
76 \\
- \quad 26 \\
\hline
50 \\
- \quad 26 \\
\hline
24
\end{array}
$$

$$154 \bmod 26 = 24.$$

---

① 英文版原书此处为字母 m，系笔误.——译者注

詹妮的计算方法是用这个数除以 26,求得的余数就是要求的答案:因为 154÷26＝5……24,所以 154 mod 26＝24.这个计算过程中要用到长除法,或者用计算器计算(后文将详细描述怎样用计算器来求余数).

丽拉的计算方法是把 154 减去 26 的倍数.26 的倍数有 26,52,78,104,130,156,…,其中 130 是小于 154 的最大倍数.由于 154－130＝24,因此 154 mod 26＝24.(如果减去一个较小的倍数,例如减去 104 而不是 130,那么就必须继续减 26,直到得数小于 26.)

杰斯的计算方法是先估计 154 中有多少个 26,然后从 154 中减去这么多个 26.他根据 5×30＝150,推测 154 中大约有 5 个 26,计算出 5×26＝130,再由 154 中减去 130.如果他的预测值偏低的话,就要重复减去 26,直到得数小于 26 为止.

他们得出了相同的答案,154 mod 26＝24,并由 24 得出字母 Y.因此,在蒂姆"11 倍乘法"的密码中,o[①]应该加密为 Y.

练习

4. 化简.

(1) 175 mod 26.　　　　　(2) 106 mod 26.

(3) 78 mod 26.　　　　　(4) 150 mod 26.

5. 化简.(提示:试着减去 26 的倍数,如 10×26＝260)

(1) 586 mod 26.　　　　　(2) 792 mod 26.

(3) 541 mod 26.　　　　　(4) 364 mod 26.

---

① 英文版原书此处为字母 m,系笔误.——译者注

利用计算器找余数

在计算 154 mod 26 时,蒂姆和艾比想通过除法来找余数.他们不想用长除法,而想用计算器计算.他们用计算器算得:

$$154 \div 26 = 5.923\,076\,9.$$

计算器不会计算余数,如果不能整除,计算器就把得数表示成小数形式,因此,得数的小数部分不妨看成"小数余数".为了把"小数余数"转换成常见的整数形式的余数,蒂姆和艾比分别用了不同的方法.

蒂姆想:"从计算器上的结果可以看出 154 中包含了 5 个 26 和余下的数(余下的数就是小数 0.923 076 9 对应的部分).5 个 26 就是 $5 \times 26 = 130$,剩下 $154 - 130 = 24$.因此 $154 \div 26 = 5 \cdots\cdots 24$,得到154 mod 26 $= 24$."

艾比想:"计算器上的结果是 5.923 076 9,减去 5,就能得到'小数余数'."(由于计算器可能存储了更精确的计算结果,因此这样做比重新输入小数,更能避免舍入误差)

$$5.923\,076\,9 - 5 = 0.923\,076\,9.$$

"由于'小数余数'是余数 R 除以除数得到的,而在这个除式中除数是 26,因此

$$\frac{R}{26} = 0.923\,076\,9.$$

等式两边同乘 26,即 $26 \times \dfrac{R}{26} = 0.923\,076\,9 \times 26$,得 $R = 24$."

艾比发现用这种算法求得的余数并不一定是整数,这是由于计算器计算除法时得数四舍五入的结果.这种情形不是经常出现,如果出现了,只要把结果调整为最接近的整数即可.

练习
▪▪▪▪

6. 利用计算器化简.

(1) 254 mod 24.　　　　　(2) 500 mod 5.

(3) 827 mod 26.　　　　　(4) 1 500 mod 26.

(5) 700 mod 9.　　　　　(6) 120 mod 11.

7. 化简.

(1) 500 mod 7.　　　　　(2) 1 000 mod 24.

(3) 25 000 mod 5 280.　　(4) 10 000 mod 365.

8. 以练习 6 中某一小题为例,写下一段话来解释你的化简方法.

关于模 26 的乘法速算

蒂姆想用"11 倍乘法"密码给自己的姓名加密.先乘 11,再把积关于模 26 化简.这时他发现计算过程非常烦琐.例如,为了给 Y 加密,他需要先进行乘法运算:$24 \times 11 = 264$,再把 264 除以 26 得到余数.这真是出人意料地麻烦.蒂姆想出了一个更好的办法:因为 $24 \equiv -2 \pmod{26}$,而在模运算中,一个数分别乘两个同余数,所得的积同余,所以

$$11 \times 24 \equiv 11 \times (-2) \pmod{26}$$
$$\equiv -22 \pmod{26}$$
$$\equiv 4 \pmod{26}.$$

提示:关于模 26 的乘法速算法

　　如果模运算中某个数的乘法计算比较复杂,可以将这个数减去 26,得到一个与原数关于模 26 的同余数,从而使计算简便.

练习

　　9. 用"11 倍乘法"密码给"trick"加密.(计算过程中可以使用蒂姆的乘法速算法)

11 倍乘法	t	r	i	c	k
把字母转换成数					
乘 11					
关于模 26 作化简					
把数转换成字母					

日期问题中的模运算

　　老师告诉这些孩子,模运算可以用来有效地解决涉及周期的问题,比如日期问题,"如果今天是星期天,那么再过 50 天又会是星期几呢?"

　　假设我们把星期天记为数字 0,星期一记为 1,以此类推,我们就可以用 0 至 6 来代表一周的每一天了.这样,7 就又表示星期天了,哪个数与 1 关于模 7 同余,那么相应的这一天就是星期一.因为 50 mod 7＝1(读者自行证明),所以可以得到再过 50 天就是星期一.

练习

10. 一个星期天,宇航员去执行太空任务.如果执行任务需要以下天数,那么他们返回时可能是星期几?

(1) 4 天.　　　　　　　　　(2) 15 天.

(3) 100 天.　　　　　　　　(4) 1000 天.

11. 如果今天是星期三,那么过了下列天数之后会是星期几?

(1) 3 天.　　　　　　　　　(2) 75 天.

(3) 300 天.

闰年　一年 365 天,但是闰年例外.闰年里会额外地多出一天——2 月 29 日,使得闰年有 366 天.闰年每 4 年一次,但遇到世纪年时情况会复杂些.只有能被 400 整除的世纪年才是闰年.其他的世纪年都不是闰年.例如,同样是世纪年,2000 年是闰年,而 1900 年不是.

12.(1) 闰年 2004 年之后的两个闰年分别是哪两年?

(2) 以下哪一个世纪年是闰年?

$$1800, 2100, 2400$$

(3) 以下哪一年是闰年?

$$1996, 1776, 1890$$

13. 如果今年的 7 月 4 日是星期二,那么明年的 7 月 4 日将是星期几? (假定明年不是闰年)请说明理由.

14. (1) 今天是几月几号,星期几?

(2) 明年的这个日期,将会是星期几? (注意闰年的特殊情况)请说明理由.

15. (1) 你的下一个生日是几月几号,星期几?(可以看日历回答)

(2) 在不借助日历的情况下回答:你的 21 岁生日将是星期几? (注意闰年的特殊情况)请说明理由.

？ 你知道吗?

没有秘密的代码

不是所有的代码都是密码.例如,图书的国际标准书号(ISBN)和其他产品的通用产品代码(UPC),都是用来储存一些便于电脑识别的信息,而这些信息本身是没有任何秘密可言的.

代码中除了包含产品的名称信息外,还有很多其他的信息.2007 年之前出版的图书,其书号都是 10 位数,并且分成了四个部分.其中,第一部分的数字是该出版物的国家代码或者语言代码(如 0 或 1 代表了美国、英国、澳大利亚等英语区);第二部分的数字是出版社代码,第三部分的数字是书序码(由出版社自行给出);最后一部分,也即第 10 位,它是一个很特别的数,叫做校验码,用于检查编码过程中是否有打印或发送而导致的错误.出错并不稀奇,稀奇的是为什么校验码能检查出错误.

当书号的前九位确定后,第十位的校样码将按照下列规则确定:代码第一位数的 10 倍、第二位数的 9 倍、第三位数的 8 倍……直到第十位的 1 倍相加所得的和,关于 11 的模为 0,也就是说,这个和是 11 的倍数.例如,本书英文版的书号为 1-56881-223-X,其中 X 表示 10 (由于校验码只能用一位数表示,因此一般用 X 代替 10).我们可以验证如下:

$$(10 \times 1) + (9 \times 5) + (8 \times 6) + (7 \times 8) + (6 \times 8) + (5 \times 1) + (4 \times 2) + (3 \times 2) + (2 \times 3) + (1 \times 10) = 242 \equiv 0 \pmod{11}.$$

假设有人在订购这本书时输入了错误的书号,如 ISBN 1-56881-223-6,那么计算机验证时就会得出

$$(10 \times 1) + (9 \times 5) + (8 \times 6) + (7 \times 8) + (6 \times 8) + (5 \times 1) + (4 \times 2) + (3 \times 2) + (2 \times 3) + (1 \times 6) = 238.$$

因为所得的和 238 不是 11 的倍数,计算机就会提示:输入有误,这个书号不存在.

从 2007 年开始,由于 10 位的书号已经不够用了,因此 ISBN 开始采用 13 位编码.具体的编码方法就是在

原来的第一部分之前再加上了 3 位数的前缀,就像电话号码的区号一样.相应地,校样码的编码规则也变化了.13 位书号的校验规则,已不再是把第一位数的 10 倍、第二位数的 9 倍、第三位数的 8 倍……直到第十位数的 1 倍相加,而是采用第一位数乘 1、第二位数乘 3、第三位数乘 1、第四位数乘 3……(交替乘 1 和 3)这些乘积相加所得的和,将是 10 的倍数(在原来的 10 位书号的校验规则中,是 11 的倍数).例如,ISBN 978-1-56881-223-6,

$$(1 \times 9) + (3 \times 7) + (1 \times 8) + (3 \times 1) + (1 \times 5) + (3 \times 6) + (1 \times 8) + (3 \times 8) + (1 \times 1) + (3 \times 2) + (1 \times 2) + (3 \times 3) + (1 \times 6) = 120.$$

所得的和 120 恰好是 10 的倍数.

有些复杂的编码,除了可以像 ISBN 校验码那样检查差错,还会有更多的功能,如自动纠正错误.数学中有专门的领域来研究能够纠正错误的代码.

第 5 章

乘法密码和仿射密码

第 *13* 节

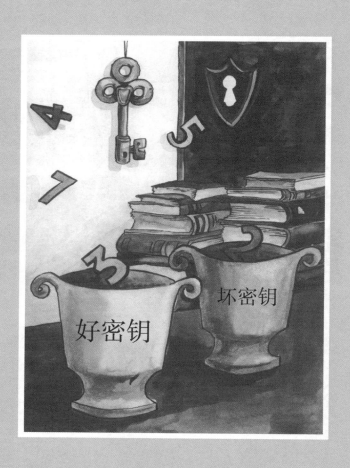

乘法密码

"我特别喜欢我们所使用的那些包含数字的密码."彼得说，"在恺撒密码中我们通过加法来加密.我们也做过一些乘法密码，这些乘法密码有用吗?"

"让我们来制作一些图表."丽拉说，"看看会发生什么."

他们设计了一个"3倍乘法"的密码，即将数乘3.例如，要加密字母c，在密码表中，表示字母c的数是2，于是将2乘3得到6.由于6表示的字母是G，因此字母c加密为字母G.同理，字母i加密为字母Y，因为表示i的数是8，8×3＝24，而24所对应的字母是Y.

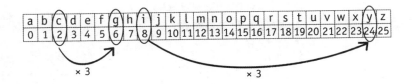

他们开始制作一张"3倍乘法"密码表.从这张表中可以清晰地看到,a加密为A,b加密为D,c加密为G,依次类推.

明文	a	b	c	d	e	f	g	h	i	j	k	l	m	n	o	p	q	r	s	t	u	v	w	x	y	z
数	0	1	2	3	4	5	6	7	8	9	10	11	12	13	14	15	16	17	18	19	20	21	22	23	24	25
×3 (mod 26)	0	3	6	9	12	15	18	21	24	1	4	7														
密码	A	D	G	J	M	P	S	V	Y	B	E	H														

"3倍乘法"密码表

练习

1.(1) 完成上面的"3倍乘法"密码表.(提示:可以3个3个地数)

(2) 伊薇写了下面这条用"3倍乘法"密码加密的信息,请解密.

JAN,Y ENQO OVAF UQI OZQFM.

(3) 谜语:What has one foot on each end and one foot in the middle?(什么东西两头各有1只脚,中间还有1只脚?)

答案:(用"3倍乘法"密码加密)

A UAZJCFYGE

2.(1) 制作一张"2倍乘法"密码表.

(2) 用这张"2倍乘法"密码表给单词"ant"和"nag"加密.你的答案里有不妥的地方吗?

（3）请分组列出"2 倍乘法"密码表中加密结果相同的字母.例如,a 和 n 都加密为 A,b 和 o 都加密为 C.

（4）请列举几组词语,它们在"2 倍乘法"密码表中加密的结果相同.

（5）请将"KOI"用不同的方式解密,以得到不同的英语单词.

（6）"2 倍乘法"是一种好的密码吗？为什么？

3.（1）制作一张"5 倍乘法"密码表.

（2）使用这张"5 倍乘法"密码表解密下面两段名言.

FU MWHU QSW XWR QSWH ZUUR ON RJU HOEJR XDAKU, RJUN MRANP ZOHI.

——亚伯拉罕·林肯

RJU OIXSHRANR RJONE OM NSR RS MRSX CWUMROSNONE.

——艾尔伯特·爱因斯坦

4.（1）制作一张"13 倍乘法"密码表.

（2）使用"13 倍乘法"密码表加密单词"input"和"alter".

（3）"13 倍乘法"密码表是一种好的密码吗？为什么？

"把这些数乘 3,结果各不同."丽拉说,"但是,如果乘 2,有些字母的加密结果是一样的.所以,乘 2 并不是一种好的加密方式."

在乘法密码中,用哪个数作为倍数决定了密码的好坏.这个数就是密钥.能把每个字母加密为不同结果的数,就是好密钥.3 是好密钥,而 2 不是.

"我想知道是什么原因使得一些数是好密钥而另一些数是坏密钥。"丹说道,"让我们看看是否能找到原因。"

游戏

小组合作,从 1～25 中找出可以作为乘法密码的好密钥的数。你们小组应该做到:

(1) 从 4～25 中选一个偶数和一个奇数进行研究。一个数大一些,而另一个数小一些。(提早完成的小组可以继续研究那些没有被选中的数)

(2) 以选中的数作为乘法密码密钥,分别制作相应的密码表。判定哪个数是乘法密码的好密钥(也就是说,哪个数使得每个字母的加密结果互不相同)。

(3) 汇总各组的信息,叙述可以作为乘法密码的好密钥的数的特征。

综合各组的研究结果,孩子们了解到哪些数是好密钥,哪些数是坏密钥。好密钥与坏密钥,区别就在于它是否与 26 有公因数。

"说到公因数,我想起我们以前在数学课上学到的互素的知识。"丹回忆道,"这儿可能要用到这个知识。"

除了 1 以外,没有其他公因数的两个数互素。例如,15 和 26 互素,而 15 和 20 不是,因为 5 是它们的公因数。值得注意的是,不是素数的数也可以互素。

"好了。"丽拉说,"运用互素的知识,我们可以说,如果一个数与 26 互素,那么它就是一个好密钥。"

你可能想知道,为什么乘一个和 26 有公因数的密钥,会使得字母加密结果出现重复.让我们深入地研究一下,以乘 10 为例.

$$10 \times 0 = 0.$$
$$10 \times 1 = 10.$$
$$10 \times 2 = 20.$$
$$10 \times 3 = 30 \equiv 4 \pmod{26}.$$

这些计算看起来都没问题.然而,当进行到 13(26 的一个因数)时,出现了重复:

$$10 \times 13 = 5 \times 2 \times 13 = 5 \times 26 \equiv 0 \pmod{26}.$$

因此,由 0 和 13 得到的加密结果是一样的.那是因为 26 的一个因数(在这里是 13)与 10 的一个因数乘起来得到 26.但这还没完,重复还在继续,14 的加密结果和 1 一样,15 的加密结果和 2 一样,等等.

$$10 \times 14 = 10 \times (13 + 1) = 10 \times 13 + 10 \times 1 \equiv 0 + 10 \pmod{26} \equiv 10 \pmod{26}.$$

$$10 \times 15 = 10 \times (13 + 2) = 10 \times 13 + 10 \times 2 \equiv 0 + 20 \pmod{26} \equiv 20 \pmod{26}.$$

$$10 \times 16 = 10 \times (13 + 3) = 10 \times 13 + 10 \times 3 \equiv 0 + 30 \pmod{26} \equiv 4 \pmod{26}.$$

如此看来,10 显然不是好密钥,因为一个密码法必须使得每个字母的加密结果都不同.追根究底,这是由于 10 和 26 有公因数而造成的.

"我一直在考虑."杰斯说,"我爷爷来自俄罗斯,他说俄语字母表有 33 个字母.如果我们为俄语信息制作一张乘法密码表,它的好密钥会和英语的一样吗?"

"我认为不一样."丹说道,"例如,在俄语密码表中,13 是一个好密钥,因为 13 和 33 互素.但是,对于英语密码表,13 是一个坏密钥."

丹说得对.不是所有语言的字母表都有 26 个字母.字母表的字母量不同,能作为好密钥的数也不同.一般原则是:

如果一个数和字母表的字母量互素,那么这个数就是一个好密钥.

"同一种语言,好密钥也会不同."丽拉说,"有时候,我喜欢在我的信息中加入标点符号.如果在我的密码表中,除了 26 个字母,还有句号(.)、逗号(,)、问号(?)和空格(　),那么这个密码表就含有 30 个'字母'.这张表的好密钥将和 26 个字母密码表的好密钥不同."

练习

5. 下面各组数中,哪几组数是互素的?

(1) 3 和 12.　　(2) 13 和 26.　　(3) 10 和 21.

(4) 15 和 22.　　(5) 8 和 20.　　(6) 2 和 14.

6. (1) 列举 3 个和 26 互素的数.

(2) 列举 3 个和 24 互素的数.

7. 找出下列各种语言的乘法密码表的好密钥.

(1) 俄语:33 个字母.

(2) 丽拉的"字母表":包括 26 个英语字母以及句号、逗号、问号和空格.

(3) 韩语:24 个字母.

（4）阿拉伯语；28 个字母.（阿拉伯语字母表被应用于约 100 种语言中,包括阿拉伯语、库尔德语、波斯语、乌尔都语（巴基斯坦的主要语言）,等等)

8. 列出下列每种密码的密码表,然后将名言解密.

（1）"7 倍乘法"密码.

UKP OXAPAODCP EW YXAD YC VU YXCN YC DXENS NU UNC EW ZUUSENQ.

————杰克逊·布朗（H. Jackson Brown,Jr)

（2）"9 倍乘法"密码.

PLK EWGP KZLAYGPUNC PLUNC UN VUTK UG JKUNC UNGUNSKXK.

————安妮·默洛·林德伯格（Anne Morrow Lindbergh)

（3）"11 倍乘法"密码.

IS GNYI IZAB IS AFS,LMB NYB IZAB IS CAE LS.

————威廉·莎士比亚（William Shakerspeare)

（4）"25 倍乘法"密码.（提示：$25 \equiv -1 (\bmod 26)$)

HTW ZWUSNNSNU SI HTW OMIH SOLMJHANH LAJH MV HTW EMJQ.

————柏拉图（Plato)

9. 观察练习 8 中的密码表.

（1）字母 a 分别是怎样加密的?

a 的加密结果在所有乘法密码表中都一样吗? 说说你的理由.

（2）字母 n 分别是怎样加密的？

挑战：证明在所有乘法密码表中，字母 n 的加密结果是一样的.

（提示：由于所有的乘法密码的密钥都是奇数，因此所有的密钥都能表示成一个偶数＋1）

❓ 你知道吗？
●●●●●

网 络 密 码

很多人通过因特网来支付账单.如果你这样做，你一定会使用网络密码来登录你的银行账户.你一定不希望别人能够进入你的账户——他们可能在未经你允许的情况下取走你的钱.

你是否曾经想过，如果有人窃取了所有银行客户的密码文件，那会怎么样？那个人是否就能使用这些密码来进入所有的账户？不用担心——银行不会草率到用任何人都能使用的方式来保存密码，密码一定是以加密的形式保存的.

当你输入密码来登录账户时，计算机将你输入的密码加密，并且和以加密方式保存的密码进行比较.如果它们是吻合的，你就能成功登录.而如果有人窃取了密码文件，那么他只得到了经过加密后的密码.当他输入偷来的密码时,计算机还是会将其加密.但这个加密后的偷来的密码和保存的密码是不能吻合的(因为他输入的不是你设置的密码),所以电脑黑客是无法登录你的账户的.

你不必担心有人会偷走银行保存的密码,但是你必须仔细挑选一个好的密码.如果你选了一些显而易见的密码,例如你的生日,那么别人就有可能猜到.如果你选了一个常用的词作为密码,例如"bird",那么黑客可能通过尝试词典中所有的词的方式来找到它——这点工作量对计算机来说不费吹灰之力.为了避免出现这种情况,一个好的办法是采用包含了数字和字母的组合密码,如 1B2I3R4D,这个词组不可能出现在词典里.

第 *14* 节

运用倒数来解密

⚫⚫⚫⚫

　　每次密码俱乐部的活动都由一个寻宝的小游戏开始.今天轮到蒂姆来藏宝.在其他人到来之前,他找到了两个好的藏宝地点,并且在每个地点藏好了一个"宝藏".他在告示板上写下 DYS DAS 和 FQT CVMHP 作为寻宝的线索.

　　"我采用了'3 倍乘法'密码."其他人到齐后,蒂姆说道,"我向你们提出的挑战是不使用'3 倍乘法'密码表来破译它."

　　艾比开始思考."当使用加法来加密时,就得使用减法来解密."她推理道,"因此,如果蒂姆使用乘法来加密,那么也许我们可以使用除法来解密."

　　"让我们先来解密 DYS DAS."艾比建议.她将字母转化为数,得到 3,24,18　3,0,18.

　　"现在把每个数除以 3,看看我们得到什么."艾比这样做后得到 1,8,6　1,0,6.

　　艾比将这些数字变回字母,得到 big bag.在屋子的角落里,她看到了一个大包.她从包里找到了蒂姆藏在里面的"宝物".

"看来并不难.现在让我们来挑战一下蒂姆的第二条线索."伊薇说道.她开始尝试 FQT CVMHP.她从第一个字母 F 开始.

"F 相当于 5.蒂姆将某个数乘 3,得到的数和 5 关于模 26 同余.因此,将 5 除以 3 能得到那个数."伊薇解释道.

"但是,你怎么能做到呢?"贝基问."5÷3 甚至不是一个整数."

"确实是个问题."伊薇表示同意,"在除以 26 得到的余数中,只有整数 0 到 25."

"那么,我们怎样在关于模 26 同余的情况下做除法呢?"贝基问.

那可不容易看出来.

"看来,比我想象的要考虑得更多."伊薇说.她决定去解决这个问题.

倒数

在常规算术运算中,"还原"乘 3 的运算是除以 3.我们可以用箭头图表示:

$$5 \xrightarrow{\times 3} 15 \xrightarrow{\div 3} 5.$$

或者用等式表示为:

$$(5 \times 3) \div 3 = 5.$$

另一种还原方法是乘 $\frac{1}{3}$,因为乘 $\frac{1}{3}$ 就等于除以 3.箭头表示我们开始和结束于同一个数:

$$5 \xrightarrow{\times 3} 15 \xrightarrow{\times \frac{1}{3}} 5.$$

我们也可以用等式表示为：

$$(5 \times 3) \times \frac{1}{3} = 5.$$

先乘 3 再乘 $\frac{1}{3}$，我们就回到了开始的那个数．那是因为，根据乘法结合律，乘法运算的顺序是可以改变的．

$$(5 \times 3) \times \frac{1}{3} = 5 \times \left(3 \times \frac{1}{3} \right).$$

因为 $3 \times \frac{1}{3} = 1$，所以乘法运算 $(5 \times 3) \times \frac{1}{3}$ 和 5×1 的结果相同．

求 3 的乘法逆元素就是求 $3 \times n = 1$ 中的 n．

3 的乘法逆元素是 $\frac{1}{3}$，因为 $3 \times \frac{1}{3} = 1$．

5 的乘法逆元素是 $\frac{1}{5}$，因为 $5 \times \frac{1}{5} = 1$．

在常规算术运算中，一个数的乘法逆元素就是它的倒数．求一个分数的倒数（也就是乘法逆元素），只要把这个分数上下颠倒（交换分子与分母的位置）．例如，如果你把 3 写作分数 $\frac{3}{1}$，那么上下颠倒后就得到了它的倒数 $\frac{1}{3}$．

练习

1. 计算下列各式．

(1) $2 \times \frac{1}{2}$．

(2) $\frac{1}{4} \times 4$.

(3) $7 \times \frac{1}{7}$.

2. 计算.

(1) $3 \xrightarrow{\times 2} 6 \xrightarrow{\times \frac{1}{2}} ?$

(2) $6 \xrightarrow{\times 3} 18 \xrightarrow{\times \frac{1}{3}} ?$

(3) $2 \xrightarrow{\times 5} 10 \xrightarrow{\times ?} 2$.

(4) $4 \xrightarrow{\times 6} 24 \xrightarrow{\times ?} 4$.

"蒂姆将原来的数乘 3 后,对结果进行关于模 26 的化简来加密线索."贝基说,"由于除法给我们制造了麻烦,因此我们可以通过乘 3 的倒数,找到他是从哪个数开始的."

"但是,在模运算中没有 $\frac{1}{3}$."艾比说道,"只有整数."

"可能有另外一个数,它的作用相当于倒数."贝基说,"当你用这个数乘 3,所得的积与 1 关于模 26 同余."

这个 3 关于模 26 的倒数就是 0～25 中的某个数,而这个数满足

$$3 \times n \equiv 1 (\bmod 26).$$

艾比开始用乘法来寻找是否存在这样一个数:

$$3 \times 1 = 3.$$

$$3\times2=6.$$
$$3\times3=9.$$
$$3\times4=12.$$
$$3\times5=15.$$
$$3\times6=18.$$
$$3\times7=21.$$
$$3\times8=24.$$
$$3\times9=27\equiv1(\bmod\ 26).$$

"就是它了."艾比大声欢呼,3 乘 9 的积和 1 关于模 26 同余.所以,9 就是 3 关于模 26 的倒数.

"让我们来试一试,看看 9 是不是和倒数一样起作用."贝基谨慎地说.

他们将 4 乘 3,再将得到的积乘 9,所得的积关于模 26 化简.他们得到了开始时的那个数!

$$4 \xrightarrow{\ \times3\ } 12 \xrightarrow{\ \times9\ } 108\equiv4(\bmod\ 26).$$

"我们找到倒数了——我们可以用它来解密蒂姆的线索了."

艾比和贝基发现了如下这个重要的事实:

如果一条信息被某个密钥的乘法密码加密,那么它就可以被这个密钥的关于模 26 的倒数解密.

女孩们将视线聚焦在蒂姆的第二条线索上,即 FQT CVMHP.第一个字母 F 表示的数是 5.蒂姆通过"乘 3"来加密,因为 3 关于模 26 的倒数是 9,所以女孩们通过"乘 9"来解密.她们计算后得到:

$$5\times9=45\equiv19(\bmod\ 26).$$

然后,她们将 19 转换成字母 t.她们解密了蒂姆的线索中的第一个字母.

练习
••••

3. 验证一下艾比得到的结论——如果先乘 3,再乘 9(并关于模 26 化简),那么就能得到开始的数:

(1) $6 \xrightarrow{\times 3} 18 \xrightarrow{\times 9} 162 \equiv ? \pmod{26}$.

(2) $2 \xrightarrow{\times 3} ? \xrightarrow{\times 9} ? \equiv ? \pmod{26}$.

(3) $10 \xrightarrow{\times 3} ? \xrightarrow{\times 9} ? \equiv ? \pmod{26}$.

4. 蒂姆的第二件"宝物"藏在哪里?解密他的第二条线索后找到它.

寻找关于模的倒数

在模运算中,求倒数并不像常规算术中那样简单,但还是有一些办法——有些方法简单,而有些方法较难.由于你已经完成了很多乘法密码表,因此你可以借助乘法密码表来寻找关于模 26 的倒数.

例如,下面就是一张"3 倍乘法"密码表.表格最后一行显示的就是第二行的数乘 3 得到的结果.这张表表明,$9 \times 3 \equiv 1 \pmod{26}$.这就告诉我们,3 和 9 关于模 26 互为倒数.

明文	a	b	c	d	e	f	g	h	i	j	k	l	m	n	o	p	q	r	s	t	u	v	w	x	y	z
数	0	1	2	3	4	5	6	7	8	9	10	11	12	13	14	15	16	17	18	19	20	21	22	23	24	25
×3 (mod 26)	0	3	6	9	12	15	18	21	24	1	4	7	10	13	16	19	22	25	2	5	8	11	14	17	20	23

"3 倍乘法"密码表

练习

5. 观察你已经完成的乘法密码表.找到结果行中有 1 的那一列,用这种方法来找到在其他各表中关于模 26 的倒数对.记录下来以备用.

艾比意识到她可以不用罗列所有乘积来找到 3 关于模 26 的倒数.由于 27≡1(mod 26),因此可以通过 27＝3×9 的分解来找到 3 和 9 是关于模 26 的倒数对.为了找到其他各组倒数对,她列出了其他和 1 关于模 26 同余的数,并将这些数分解因数.下面是她列出的一些和 1 关于模 26 同余的数:

27,53,79,105,131.

53 和 79 不能分解因数,因为它们是素数,但是 105 可以分解.从 105 的分解中,她找到了倒数对.

练习

6. 由于 5×21＝105≡1(mod 26),因此 5 和 21 是关于模

26 的倒数对.根据 105 的其他因数分解方式,求其他关于模 26 的倒数对.

7. 以下信息通过"21 倍乘法"加密,请用乘法来解密.(提示:在练习 6 中找到 21 的倒数)

A UMXX BMNLO A UAK.

——奥里森·斯威特·马登(Orison Swett Marden)

还可以借助已知的倒数对生成负数对,来找到更多的倒数对.例如,$-3 \equiv 23 \pmod{26}$,$-9 \equiv 17 \pmod{26}$.所以,23 和 17 互为关于模 26 的倒数:

$$23 \times 17 \equiv (-3) \times (-9) \pmod{26}$$
$$\equiv +(3 \times 9) \pmod{26}$$
$$\equiv 1 \pmod{26} \text{(因为 3 和 9 是关于模 26 的倒数对)}.$$

练习

8. 借助已知的倒数对生成负数对,来找到更多的倒数对.

9. 25 关于模 26 的倒数是什么?(提示:$25 \equiv -1 \pmod{26}$)

10.(1)列表表示所有的倒数对.(保存好这张列表,这将有助于解密信息)

(2)哪些数不在列表里?(不是所有的数都有关于模 26 的倒数)

（3）描述一下 1～25 中存在关于模 26 的倒数的数的特征.

11. 挑战：解释一下为什么偶数没有关于模 26 的倒数.

 游戏：密码卡片 Ⅱ

玩密码游戏.用乘法密码给名字或一小段信息加密.记得使用好密钥.告诉同伴你所使用的密钥,他们将据此决定如何解密.(注意:这一次用乘法加密或解密,不得使用乘法密码表)

练习

练习 12 和练习 13 需借助倒数来完成.

12. 谜语：What word is pronounced wrong by the best of scholars?（哪个单词最权威的学者也会念错?）

答案("9 倍乘法"加密)：16,23,22,13,2.

13. 谜语：What's the best way to catch a squirrel?（捉住松鼠的最好的办法是什么?）

答案("15 倍乘法"加密)：4,9,16,24,15　0　25,21,8,80,13,19　0,4,25　9,16,20,8　0　13,14,25.

14. 挑战：在下列字母表中选一张研究倒数,找出表中所有倒数对.

（1）俄语字母表：33个字母.

（2）英语字母表，加上句号、逗号、问号和空格；共30个"字母".

（3）韩语字母表；24个字母.（注意：这张表中的互为倒数有些不同寻常）

破译乘法密码

"我发现这张伊薇递给艾比的纸条."丹说道，"她可能用的是乘法密码，因为我们最近一直在研究这个.问题是我不知道密钥是什么."

IUUR IU AR RJU DOFHAHQ

"让我们试试看能不能破译.挑战往往是有趣的."蒂姆说.

"乘法密码是一种代入式密码.如果我们做一次频率分析，可能就不需要密钥了."丹说道.

"好吧，让我们来看看这些字母出现的频率."蒂姆表示同意，"出现最多的字母是 U，我们将 U 替换成 e.出现第二多的字母是R.一种可能的情况是 R 表示 t."他将猜测写在信息上面.

```
 e e t   e     t  t e
IUUR  IU  AR  RJU  DOFHAHQ
```

"这是一个好的开端,但是信息没有长到获取足够的信息来猜测所有的字母."蒂姆说道.

"恩,单词 t_e 有可能是 the,而_eet 有可能是 meet.所以,让我们把 J 换成 h,把 I 换成 m."丹说道.

这就是他们得到的:

```
m e e t  m e     t   t h e
IUUR  IU  AR  RJU  DOFHAHQ
```

"A 可能是 a,因为这样的话,这条信息的开头将是 meet me at the."蒂姆说道.

"事实上,我们知道,A 一定是 a,如果这是乘法密码的话."丹附和道,"但是我们没有足够的信息找出最后一个单词."

"如果这是乘法密码,"蒂姆说,"我们可以用代数的方法找出伊薇的密钥.假设明文字母是 m 时,密码是 I.由于 m 表示的数是 12,而 I 表示的数是 8,因此可得 12 乘密钥得到的积和 8 关于模 26 同余:

$$密钥 \times 12 \equiv 8 (\bmod 26).$$

我们可以在两边同时乘 12 的倒数来找到密钥."

"但是 12 是一个偶数,它不存在关于模 26 的倒数."丹想了一会儿,认为蒂姆的想法不可行.

"好吧,试一下其他字母."蒂姆说,"假设字母 t 是被加密为字母 R.因为 t 代表 19,而 R 代表 17,所以

$$密钥 \times 19 \equiv 17 (\bmod\ 26).$$

这样我们就可以做了,因为 19 有倒数——19 关于模 26 的倒数是 11.我们在两边同乘 11,并用到 $(19 \times 11)\ \bmod\ 26 = 1$.

$$密钥 \times 19 \times 11 \equiv 17 \times 11 (\bmod\ 26).$$

$$密钥 \times 1 \equiv 187 (\bmod\ 26).$$

$$密钥 \equiv 5 (\bmod\ 26).$$

这就意味着加密的密钥是 5.要解密 DOFHAHQ,我们可以乘 5 的倒数,也就是 21.第一个字母 D 代表 3,通过乘 21 得到:

$$21 \times 3 = 63 \equiv 11 (\bmod\ 26).$$

由于 11 表示的字母是 l,因此我们将字母 D 解密后得到 l."

提示

要注意偶数和 13,因为它们有可能欺骗你.例如,假设你有一条信息且已经找出明文 e 加密为 Y.因为 e 表示的数是 4 且 Y 表示的数是 24,你知道:密钥 $\times 4 \equiv 24 (\bmod\ 26)$.你也许会认为 6 是密钥因为它是这个同余方程的解.但是 6 不可能是一个乘法密码的密钥,因为它与 26 不是互素的.在这个例子中,还有另一个解 19(因为 $19 \times 4 \equiv 24 (\bmod\ 26)$),它是能够成为密钥的唯一可能解.

为避免这个问题,当你写同余方程时选择的明文字母要对应一个奇数(除了 13).

练习

15. 伊薇的纸条上写着在哪里碰面? 解密后指出见面地点.

16. 以下信息是用乘法密码加密的,每条信息中的部分字母已经破译.写出含有密钥的等式,解等式以得到密钥,并借助密钥的倒数来破解信息.写下破译过程.

$$\quad\quad\quad\quad i\ t\ e\ i\ t\quad\quad\quad\quad e\quad e\ t\ t\quad\ t\ e\ e$$
(1) QXUPK UP WN IWYX LKAXP PLAP KHKXI

$$i\quad\ i\ t\ e\ e\ t\quad\quad\ i\quad i\ t\ e\ e$$
BAI UG PLK JKGP BAI UN PLK IKAX.

——拉尔夫·沃尔多·爱默生(Ralph Waldo Emerson)

$$\quad\quad\quad\ t\ h\ e\quad e\quad t\quad\quad t\quad h\ e\ e\quad\quad\quad\ e$$
(2) ZBI PIKZ SAW ZC EBIIV WCOVKIJX OR QK

$$t\quad t\quad\ t\quad\ h\ e\ e\quad\quad\quad e\quad e\quad e$$
ZC ZVW ZC EBIIV KCYICNI IJKI OR.

——马克·吐温

17. 从下列每句引文中找到出现最频繁的字母,由此结合其他因素推理,来破译引文中的一部分字母.然后通过解等式的方法来找到密钥.借助密钥的倒数破译.

(1) A HOYYCQCYV YOOY VFO RCLLCUSTVG CN OPOBG KHHKBVSNCVG;AN KHVCQCYV YOOY VFO KHHKBVSNCVG CN OPOBG RCLLCUSTVG.

——温斯顿·丘吉尔(Winston Churchill)

(2) JTGAJ A SAN AO RG MO,ANL RG UMXX TGSAMN AO RG MO.JTGAJ A SAN AO RG QIEXL VG,ANL RG UMXX VGQISG URAJ RG ORIEXL VG.

——拉尔夫·沃尔多·爱默生

你知道吗?

德国人的英格玛密码

英国密码专家的高超本领帮助英国赢得了第二次世界大战的胜利,他们能够在德国人毫无察觉的情况下破译德军最机密的密码——英格玛(Enigma)密码,这使得英国能够知晓德国潜艇的位置.借助这些信息,美国军舰避开了德国潜艇,避免了被鱼雷击沉,并将补给运到了英国.

为了将信息加密,德国人使用了一种叫做英格玛的电子加密机器.英格玛密码机看上去有点像打字机,但是配上齿轮和电线,它能按照一套复杂的规则将输入机器的信息加密.在 20 世纪 30 年代,波兰的数学家们,特别是马里安·雷耶夫斯基(Marian Rejewski),分析了德国人的信息并掌握了破译早期的英格玛密码的方法.就在德国入侵波兰前夕,波兰人将他们掌握的关于英格玛的技术透露给了英国人.在波兰数学家研究的基础上,包括阿兰·图灵(Alan Turing)在内的英国数学家破译了新版的英格玛密码.这些研究英格玛密码的计算工作,推动了第一台电子计算机——巨人(Colossus)的出现.

在第二次世界大战期间被俘获的德国潜艇,为英格玛密码的破译提供了很大的帮助.其中一艘被美国人俘获的潜艇现在陈列在芝加哥科学与工业博物馆，同时展出的还有当时船上配备的英格玛密码机和密码本.参观这艘潜艇时，我们可以看到，英格玛密码机被保存在船长的床对面的一间机密通讯室内，用于加密和解密的密码本被锁在船长的床上方的储藏柜里.由于船员没来得及在被俘前销毁密码本，因此密码机和密码本随着潜艇被一起缴获了.这些密码本提供了丰富而重要的信息，从而帮助英国人破译了英格玛密码.

仿射密码

丹和蒂姆觉得,他们应该经常更换密码,防止其他人能够破译出他们的信息.他们想知道,通过变换加法(恺撒)密码和乘法密码中的密钥,能够得到多少种不同的密码?

练习

1. 可能存在多少种不同的加法密码? 也就是说,哪些数可以作为加法密码的密钥? 解释一下你是怎么得到答案的.

2. 可能存在多少种不同的乘法密码? 也就是说,哪些数可以作为乘法密码的好密钥? 解释一下你是怎么得到答案的.

丹和蒂姆觉得,即使每天更换密码,他们也不会得到很多不同的密码——这些密码甚至用不了 2 个月的时间.他们想知道,如果将加法和乘法结合起来,能够得到多少种密码?

仿射密码就是这样一种将加法和乘法结合起来的密码.首先,你需要选取一个乘法密码的好密钥 m(即 m 和26互质)和一个加法密钥 b.然后,这个密码被称为(m,b)—仿射密码,数对(m,b)就是它的密钥.

用(m,b)—仿射密码加密时,乘 m 并加上 b,然后关于模26化简.

用$(3,7)$—仿射密码加密字母 s 时,首先将 s 转换为18,然后乘3并加上7,得到 $3\times18+7=61$,将61关于模26化简,得到9,对应于字母 J.

我们可以用数学公式来描述仿射密码.将字母转换成相应的数后,我们用如下公式将明文 x 加密为密文 Y:

$$Y=(mx+b)\bmod 26.$$

如果没有"mod 26",你可能会把这个公式当作常规数学中的直线方程.这种方程数学上称为"仿射方程",这正是这种密码如此命名的原因.

在$(3,7)$—仿射密码中,$m=3$,$b=7$,加密公式是 $Y=(3x+7)\bmod 26$.我们可以用这个公式来加密18(这个数表示字母 s).将 $x=18$ 代入,我们得到

$$Y =(3\times18+7)\bmod 26$$
$$=(54+7)\bmod 26$$
$$=61\bmod 26$$
$$=9\bmod 26.$$

由于9代表的字母是 J,因此字母 s 被加密为字母 J.

3. 用(3,7)—仿射密码加密单词"secret".

4. 用(5,8)—仿射密码加密单词"secret".

5. 有些仿射密码和我们探究过的密码是一样的.

(1) 和(3,0)—仿射密码一样的密码是什么?

(2) 和(1,8)—仿射密码一样的密码是什么?

6. 假设丹和蒂姆每天变换密钥来得到不同的仿射密码,他们能够得到足够的密码,使得一年中每一天的密码都是不同的吗?解释你的结论.

破译仿射密码

怎样能够破译用仿射密码加密的信息呢?

你可以"还原"加密的步骤,从最后一步开始往回追溯.要还原加法,我们用减法;要还原乘法,我们乘乘法密钥的倒数.

为了破译(m,b)—仿射密码,首先减去b,然后乘m关于模 26 的倒数.

让我们观察前面出现的(3,7)—仿射密码,看看能否把它解密.我们通过先乘 3 再加 7 来加密字母 s,结果是字母 J.让我们从 J 开始回溯.首先,将字母 J 用数字 9 替换,然后减去 7 并乘 9(3 关于模 26 的倒数),这样就得到$(9-7)\times 9=18$,将 18 关于模 26 化简仍然是 18,18 表示的字母是 s.

练习

7. What insects are found in clocks? （时钟上可以找到什么昆虫?）

答案(用(3,7)—仿射密码加密)：MFNLJ.

学期就要结束了,天气很好,丽拉和贝基决定为篮球队的女孩们举办一个派对.经过尝试,她们发布了一则公告."我们将举办一个派对.一旦确定了最终的方案,我们将在丽拉的寄物柜上张贴用(5,2)—仿射密码加密的邀请函.记住这个密钥,但不要告诉其他人."

方案最终定下来后,她们将以下这张密文邀请函张贴在丽拉的寄物柜上(如下图).

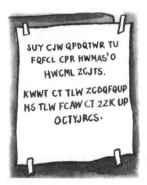

SUY CJW QPDQTWR TU
FQFCL CPR HWMAS'O
HWGML ZGJTS.

KWWT CT TLW ZGDQFQUP
HS TLW FCAW CT 2ZK UP
OCTYJRCS.

练习

8. 解密女孩们的邀请函.

通过解方程来破译密码

男孩们听说了这个派对.看到丽拉柜子上这张密文邀请函,他们决定破译它.最近密码俱乐部讨论了仿射密码,因此男孩们认为丽拉一定是用它来加密的.但还没有人能破译它.男孩们决定试一试.

"我们知道,仿射密码以 $Y=(mx+b)\bmod 26$ 的形式出现.如果知道 m 和 b 表示什么数,那么我们就能知道她们使用了什么密钥,从而最终破译."蒂姆说.

"我们能推断出部分信息吗?"彼得问.

"也许吧."蒂姆说,"看这个数字.邀请函里提到'2ZK'.由于 2 是里面出现的唯一一个数,因此这可能是派对开始的时间.她们不可能在凌晨 2 点开派对,所以一定是下午 2 点.因此,p 一定是加密为 Z,而 m 加密为 K.哈哈!这是非常有用的线索.也许我们可以用它来破解仿射密码."

"字母 Z 代表的数是 25,字母 p 代表的数是 15."蒂姆继续说道,"由 15 加密为 25,我们知道

$$25 \equiv m \times 15 + b \pmod{26}.\text{"}$$

"我们还有一条线索,字母 m 加密为字母 K."彼得说,"这就告诉我们,12 加密为 10,因此,我们还可以得到

$$10 \equiv m \times 12 + b \pmod{26}.$$

我们得到了两个线性同余等式和两个未知数——我们学过如何解线性方程组.也许线性同余等式也可以这样来解.让我们来试一试."

男孩们知道几种解含 2 个方程和 2 个未知数的方程组的方法.他们喜欢加减消元法,于是做了如下的尝试.

$$25 \equiv 15m + b \pmod{26}$$
$$-(10 \equiv 12m + b \pmod{26})$$

<hr/>

$$15 \equiv 3m + 0 \pmod{26}$$

因此, $15 \equiv 3m \pmod{26}$.

两边同乘 9(因为 9 是 3 关于模 26 的倒数).

$$9 \times 15 \equiv (9 \times 3)m \pmod{26}.$$

因为 $9 \times 3 \equiv 1 \pmod{26}$, 所以 $135 \equiv 1m \pmod{26}$.

因为 $135 \equiv 5 \pmod{26}$, 所以 $5 = m$.

将 $5 = m$ 代入第一个同余等式(也可以代入第二个同余等式, 得到的结果是一样的).

$$25 \equiv 5 \times 15 + b \pmod{26}.$$

$$25 \equiv 75 + b \pmod{26}.$$

$$-50 \equiv b \pmod{26}.$$

$$2 \equiv b \pmod{26}.$$

"成功了."蒂姆说,"我们找到了她们用来加密的密钥——$m = 5, b = 2$.因此,女孩们的密码一定是用 $Y = (5x + 2) \bmod 26$ 加密的.我们可以先减去 2,再乘 5 关于模 26 的倒数——21 来解密.让我们加快速度,解密她们的信息."

破译了女孩们的密码后,彼得和蒂姆也写了一条密文,并把这张纸条(如下页图)张贴在丽拉的寄物柜上,想看看女孩们能不能破译它.

你可以运用彼得和蒂姆的思路来破译其他的仿射密码.如果你能破译信息中的两个字母,那么你就得到了两个同余等式,然后就像在常规数学中解方程组一样解,但是不要用除法,而是要

乘关于模的倒数.

　　有时候,通过观察由 1 个字母或 2 个字母组成的单词,你可以推理得出一些字母.有时候,你可以推测信息中的一些词,如名字.其他时候,你可以通过频率分析来推理得出一些字母.

　　这样的思路通常很管用,但有时还是会有问题.你推理的字母代入法可能是错误的,而你用它们来写同余等式,就算你正确地求解了这个同余等式,然而得到的 m 的值却不是和 26 互素,因此它不是一个密钥.这就提示你,你需要尝试另外的字母代入法.

　　你有可能猜对了字母,但是最终由于系数没有倒数而无法求解同余等式(这种情况在破译乘法密码时也会出现).如果在列同余等式时,选中的两个明文字母,一个对应于奇数,另一个对应于偶数,那么就可以避免上述情况的出现(彼得和蒂姆选择了字母 p 和 m,它们分别代表 15 和 12).这样,最后解同余等式时,m 会乘一个奇数.只要这个奇数不是 13,你就可以通过乘它关于模的倒数来解决问题.

9. 以下各条信息都用仿射密码加密了.有些字母已经被解密.写出每条信息对应的含有密钥(m,b)的同余等式.解同余等式求出m和b,然后解密信息.

          e   en

(1) MCZRN HZYJWDMI MPYAEN RY ICRWIVK

 e e   n ee   n   e e   n   e e

MJMZK GCP'I PMMD, LAR PYR MJMZK GCP'I EZMMD.

——圣雄甘地(Mahatma Gandhi)

           i aa   t a   a   i

(2) S GY G UKWWMUU PORGQ BMWGKUM S XGR

 a   i   i   i   a   i i t

G HZSMTR AXO BMDSMFMR ST YM GTR S RSRT'P

     a t   a t t   t i

XGFM PXM XMGZP PO DMP XSY ROAT.

——亚伯拉罕·林肯

10. (1) 分析第189页彼得和蒂姆的纸条,猜测一些字母的代入法,然后列出两个同余等式求出m和b.

(2) 解密彼得和蒂姆的纸条.

11. 以下各条信息都用仿射密码加密了.通过字母频率分析或是其他方法,推断其中的一些字母.写出对应于这些字母代入法的同余等式.解同余等式求出m和b,然后破译信息.

(1) BOIOINOB RAT ARZM TA KEM TPO BYGPT TPYRG YR TPO BYGPT JZEWO，NCT XEB IABO FYXXYWCZT KTYZZ，TA ZOELO CRKEYF TPO UBARG TPYRG ET TPO TOIJTYRG IAIORT.

——本杰明·富兰克林（Benjamin Franklin）

(2) RY XDP CBEJ BO BSSKJ BOU R CBEJ BO BSSKJ BOU TJ JIFCBONJ ACJLJ BSSKJL ACJO XDP BOU R TRKK LARKK JBFC CBEJ DOJ BSSKJ. QPA RY XDP CBEJ BO RUJB BOU R CBEJ BO RUJB BOU TJ JIFCBONJ ACJLJ RUJBL，ACJO JBFC DY PL TRKK CBEJ ATD RUJBL.

——萧伯纳（George Bernard Shaw）

 你知道吗？

阿特巴希密码

在希伯来圣经中，有一种早期的字母代入法——阿特巴希（Atbash）密码．这种代换将第一个字母 א（aleph）和最后一个字母 ת（tav）进行交换，将第二个字母 ב（beth）和倒数第二个字母 ש（shin）进行交换，依此类推．在英语中，也就是将 a 和 Z 交换，将 b 和 Y 交换，依此类推.将英语字母表中的字母从后往前写,就得到了字母代换表.

a	b	c	d	e	f	g	h	i	j	k	l	m	n	o	p	q	r	s	t	u	v	w	x	y	z
Z	Y	X	W	V	U	T	S	R	Q	P	O	N	M	L	K	J	I	H	G	F	E	D	C	B	A

阿特巴希这个名字本身就描述了密码的加密法,它表明字母是如何交换的:aleph-tav-beth-shin.这些字母的发音听起来就像 A-T-B-Sh,这就是我们称它为阿特巴希的原因.如果我们要给这种密码起一个英语名字,用来表明英语字母是如何代换的,那么它可以叫做 AZBY.

研究圣经的学者认为,在圣经中使用阿特巴希密码是用来表示一种神秘感,而不是为了给词语加密.然而,阿特巴希密码激发中世纪的欧洲僧侣创造出代入式密码,从而重新唤起欧洲人研究密码学的兴趣.

第 6 章

现代密码学中的数学

第 *16* 节

寻找素数

密码俱乐部的成员们开了个会,讨论下一步的研究目标.

"我想我们应该研究一些现代的密码."杰斯说,"我们过去讨论的都已经是几百年前的研究内容了."

"我同意."贝基说,"那些密码很有趣,但现代的密码复杂得多了,老式的密码很容易被计算机破译."

巧的是,蒂姆最近刚读过一些关于现代密码的资料."RSA 密码大概是最广为人知的现代密码."蒂姆解释道:"它是由罗纳德·李维斯特(Ronald Rivest),阿迪·萨莫尔(Adi Shamir)和伦纳德·艾得曼(Leonard Adleman)于 1977 年发明的,并用三位发明者的姓氏首字母命名.这种密码使用了'素数'——很大很大的素数,还使用了包含幂运算的模运算."

"要研究 RSA 密码,我们掌握的数学知识足够多吗?"詹妮好奇地问.

"我认为,我们应该先复习一下我们已经掌握的素数知识."蒂姆说,"特别是大素数,以后研究中将会经常用到.我们还要练习一下模运算中的幂运算.这比你想象的要复杂得多,就算用计算器,也很复杂."

"好的,看来下几次聚会都有很多事情要做."詹妮说,"等我们准备好了,我们就可以开始研究 RSA 密码的具体内容了.现在,让我们先从素数入手吧."

大家都记得一些素数的知识和一些小素数(例如 2 和 5),但蒂姆说,要研究 RSA 密码,需要找出大素数.

"我不能准确地判断一个数是不是素数."彼得说,"有一些数看起来很像素数,但实际上并不是素数,其中最典型的例子是 91.乍一看,我觉得 91 就是个素数,很多人也会这么觉得,但实际上,91=7×13,它不是素数."

"你可以用比这个数小的任意一个数去除这个数,通过是否为整除来判断这个数是不是素数."贝基说.

"你说得对,但如果遇到大数,这个方法就很费力."彼得说."例如,113 看上去就像是素数,难道我真要把所有比 113 小的数都算一遍,才能判断 113 是否含有除了 1 和它本身之外的其他因数?"

"为什么我们不能只检验其中一部分的数呢?"詹妮一边说,一边掏出了计算器,开始检验.

"113 不能被 2 整除,因为 113÷2 的结果不是整数,也就是说,它不是偶数,所以不能被 2 整除."

"113 不能被 3 整除,因为 113÷3 的结果不是整数,也就是说,它的各个数位上的数之和不能被 3 整除."

"113 不能被 4 整除,因为……"

"等一下,我们不需要检验 4."彼得打断了詹妮的话,"如果 113 能被 4 整除,那么它也能被 2 整除.所以,我们不需要检验 4."

詹妮继续检验:

"113 不能被 5 整除,因为 113÷5 的结果不是整数,也就是说,由于 5 的倍数的个位应该是 0 或者 5,因此 113 不是 5 的倍数."

"我们不需要检验 6.如果 113 能被 6 整除,那么它也能被 2 或 3 整除.而我们已经知道它不能被 2 或 3 整除."

"我发现,"彼得讲道,"我们只需要检验那些素数,看看它们是否能整除 113.如果 113 不能被某个素数整除,那么它也不能被这个素数的倍数整除.这是个很巧妙的优化."

"因此,要检验 113 是不是一个素数,"彼得继续说道,"我们只需检验那些小于 113 的素数.下面让我们来检验 7."

"113 不能被 7 整除,因为 113÷7 的结果不是整数."

"等一下."詹妮说,"在我们计算之前先好好思考一下."詹妮和彼得都意识到,思考后再行动将会使得事情进展得事半功倍.他们热爱数学,但他们更希望避免一些多余的工作.

"下一个素数是 11."詹妮思索了一番,大声地说道,"而 11×11＝121,121 大于 113."

"如果两个数的乘积为 113,"彼得开始分析,"那么这两个数中至少有一个数应该小于 11.如果它们都不小于 11,那么它们的乘积应该大于或等于 121."

"但我们已经检验过了,所有小于 11 的素数都不是 113 的因数."詹妮说,"所以,我们不需要再检验其他的数了.113 肯定是个素数."

"要判断 113 是一个素数,我们只需检验 4 个素数.这个方法很快捷."彼得感慨道,"这里是不是有什么规律呢?"

"瞧,要找到一个数,使它的平方大于 113,11 是我们可以最快找到的、满足这个条件的最小的数."詹妮发现了这样的一条规律,"我们不需要检验任何大于 $\sqrt{113}$ 的数."

判断素数的妙招

1. 仅检验那些看起来可能是因数的素数.

2. 找到那个平方大于目标数的最小的数 p.不必检验任何大于 p 的数.(换句话说,你只需检验那些小于目标数的平方根的素数.)

"如果我们要判断 343 是不是一个素数,我们需要检验的最大的素数是几?"詹妮问道.

彼得开始求素数的平方.他跳过了一些小素数,因为他知道那些数太小了,肯定不满足条件.

$$11 \times 11 = 121.$$
$$13 \times 13 = 169.$$
$$17 \times 17 = 289.$$
$$19 \times 19 = 361.$$

"好了."彼得说,"我们可以得到,19 是我们要检验的数中最大的数,它的平方大于 343.根据我们发现的规律,我们只需检验小于 19 的那些素数,看看它们是不是 343 的因数."(见练习题)

詹妮想找一个更大一些的数来试试."1 019 是素数吗?"她问道.

"40×40＝1 600,这个结果比 1 019 大得多,所以我不需要检验那些比 40 大的素因数."

"30×30＝900,这个结果比 1 019 小得多,所以要检验那些比 30 大的素数."

"31×31＝961,还是小于 1 019,因此还得找大一些的数."

"37×37＝1 369.因此,要判断 1 019 是不是一个素数,我至少应该检验到 37."詹妮得出结论,"由于 31 是小于 37 且最接近 37 的素数,因此我只要检验到 31 即可."

"我还有一种办法."杰斯说,"我使用了计算器的求平方根的功能.在找 1 019 的因数时,我们只需要检验那些平方小于 1 019 的素数.这些素数应该小于 $\sqrt{1\,019}$.用计算器可以计算得, $\sqrt{1\,019} \approx 31.92$.由此可知, $\sqrt{1\,019}$ 的值介于 31 和 32 之间,所以我们不需要检验那些大于 31 的数."

练习

1. 判断下列各数是不是素数,并说一说你是如何判断的.

343　　　1 019　　　1 369　　　2 417　　　2 573　　　1 007

埃拉托色尼筛选法

有一种"埃拉托色尼(Eratosthenes)筛选法",可以用来寻找素数.该方法是用公元前 230 年左右生活在北非的一位希腊数学家的名字命名的.

"什么是筛选?"伊薇问道.

"我知道."艾比说,"就像我爸妈用滤网从水里捞意大利面似的."

埃拉托色尼筛选法能把素数和合数分开.它的做法是:先划掉所有能被 2 整除的数,再划掉所有能被 3 整除的数,然后从剩下的数中划掉所有能被最小的数整除的数,依此类推.最终留下来的数都不能被其他除了 1 以外的数整除,那么这些数就是素数.

埃拉托色尼筛选法

1. 划掉 1,因为它不是素数.

2. 圈出素数 2,然后划掉所有 2 的倍数,因为它们不是素数.(请思考:为什么 2 的倍数都不是素数?)

3. 圈出素数 3,然后划掉剩下的数中 3 的倍数,因为它们不可能是素数.

4. 圈出下一个没有被划掉的数,它是素数.(请思考:为什么这个数是素数?)在剩下的数中,划掉这个数的倍数.

5. 重复前面的第 4 个步骤,直到所有的数不是被圈出,就是被划掉.

"我要用这个筛选法来寻找 1～50 范围内的素数,以此来检验这个筛选法是否有效."丽拉说,"接着,我会再试一次,仔细找找是不是有什么规律.

练习

2. 用埃拉托色尼筛选法来找出 1～50 范围内的所有素数.

3. 按步骤解决了练习 2 以后, 你可能会发现有一些大素数的倍数在前面的步骤中已经被划掉. 如果有一个素数, 它的所有倍数都没有在前面的步骤中被划掉, 满足这个条件的素数最大是几?

4. (1) 用埃拉托色尼筛选法来找出 1～130 范围内的所有素数. 每次开始找一个新的素数的倍数的时候, 在第一个没有在前面步骤中被划掉的倍数上做一个记号. (例如, 在找素数 3 的倍数时, 第一个倍数本应是 6, 但是这个数已经被划掉了. 因此, 9 就是素数 3 的第一个没有在前面步骤中被划掉的倍数.)

(2) 观察在上一步骤中做了记号的这些数, 找出这些数的规律.

(3) 在筛选 1～130 范围内的素数时, 如果有一个素数, 它的所有倍数都没有在前面的步骤中被划掉, 满足这个条件的素数最大是几?

(4) 当你划掉某一个素数的所有倍数时, 你会发现没有倍数可以划掉了, 剩下的所有的数都是素数. 这个特别的素数是几?

5. 假如用埃拉托色尼筛选法来找出 1～200 范围内的所有素数, 在剩下的所有数都是素数之前, 划掉的最后一个倍数是几? 为什么?

数素数

彼得用筛选法找出来 1～100 的所有素数,又继续找出了 1～1 000的所有素数.他做了如下的表格.

区间	区间内素数的个数
1～100	25
101～200	21
201～300	16
301～400	16
401～500	17
501～600	14
601～700	16
701～800	14
801～900	15
901～1000	14

彼得发现,随着数的增大,区间内的素数的个数在减少.他想知道这个规律会不会成立,于是他决定去图书馆看看.他找到了一本含有素数表的书,数了数表中素数的个数,并在他做的表格中补充了下述内容.

区间	区间内素数的个数
1～1000	168
1001～2000	135
9001～10,000	72

"看来,数越大,素数就越来越少了."他琢磨着,"我想知道,是否可以找出所有的素数.噢,那就是说,有最大的素数."

"不对."丽拉说,"不论你找到的素数有多大,你总能找到一个比它更大的素数.我可以证明:

假设你已经找出所有的素数.将它们连续相乘,你就能得到更

大的数 $N = 2 \times 3 \times 5 \times 7 \times \cdots$，那么 N 可以被所有素数整除，对吗？"

"那当然，既然它是所有素数的乘积.我同意你的意见."彼得说.

"好，接着加上 1."丽拉继续说道，"你能得到 $N+1$，它不能被 2 整除."

"让我想想."彼得说，"如果两个两个地数，比 N 大的下一个能被 2 整除的数是 $N+2$.所以，$N+1$ 不能被 2 整除.我同意."

"好了，"丽拉说，"那么 $N+1$ 也不能被 3 整除，因为比 N 大的下一个能被 3 整除的数是 $N+3$."

"我知道了."彼得接下去分析，"同理，$N+1$ 不能被其他素数整除."

"对了，那也就是说，$N+1$ 要么是一个素数，要么它能被另一个你还没找出的素数整除.不管是哪一种情况，都有另外一个素数存在."

"但那是不对的，你说了已经找出所有的素数了."彼得疑惑了.

"那肯定是因为你没有找出所有的素数.我们总是能找到另一个素数，不可能穷尽所有的素数."

彼得失望了，因为他本想找出最大的素数；但是丽拉很高兴，因为她更确定自己是对的.

丽拉所解释的道理，2 000 年前的希腊人就已经了解了.这个定理被称为"欧几里得（Euclid）定理"：

素数的个数是无限的.

寻找素数的公式

这几个小密码迷都想知道,能不能找到一个公式来导出所有素数.但实际上,不存在这样的公式.不过,他们发现,有好几个公式分别可以求出某一些素数.

孪生素数:素数 p 和素数 $p+2$ 称为孪生素数.3 和 5 是孪生素数,11 和 13 也是孪生素数.没有人知道,是否有无穷多对的孪生素数.

梅森数: 2^n-1 形式的数称为梅森数.马林·梅森(Marin Mersenne)神父是 17 世纪的一名修道士,他最早开始研究这种形式的数.第 1 个梅森数是 $2^1-1=1$,第 2 个梅森数是 $2^2-1=3$.如果一个梅森数的指数 n 是合数,那么这个梅森数也是合数.但是,如果 n 是素数,那么梅森数有可能是素数,也有可能是合数.

例如,6 是合数,$2^6-1=64-1=63$ 也是合数($63=3^2\times7$)[1].3 是素数,$2^3-1=8-1=7$ 是素数[2].

索菲·杰曼(Sophie Germaine)素数:如果 p 是素数,$2p+1$ 也是素数,那么 p 称为索菲·杰曼素数.例如,2,3,5 都是索菲·杰曼素数,但 7 不是,因为 $2\times7+1=15$ 不是素数.这一类素数是用 200 年前的一位法国数学家的名字命名的.没有人知道是否有无穷多个索菲·杰曼素数.

"这些特别的素数有什么用处呢?"彼得问蒂姆.

"嗯,我们在使用 RSA 密码时需要大素数作为密匙,否则的话我们的密码会很容易被破解."蒂姆说,"我们可以检验梅森数、

---

[1] 英文版原书此处为"4 是合数,$2^4-1=64-1=63$ 也是合数($63=3^2\times7$)",系笔误.——译者注
[2] 比如,23 是素数,$2^{23}-1=8\,388\,608-1=8\,388\,607=47\times178\,481$ 是合数.——译者注

索菲·杰曼数、孪生数或者其他类型的数是不是素数,而不需要检验所有的数."

"这真是个伟大的发现."伊薇说,"如果大部分的数都不是素数,那么挨个检验所有的数就很浪费时间."

练习

6.（1）尝试用公式 n^2-n+41 来导出素数.计算当 $n=0,1,2,3,4,5$ 时,是不是总能得到素数?

（2）挑战:请找出小于 50 的 n,使得这个公式导出一个合数.

7. 仔细观察你已经列出的素数表,找出 1~100 范围内的所有孪生素数.

8. 计算 $n=5,6,7,11$ 时的梅森数.判断哪些是素数.

9. 找出至少 3 个除 2,3,5 以外的索菲·杰曼素数.

10. 挑战:找出一个大素数（究竟有多大由你自己决定）.解释一下你是如何找到这个数,并说明你怎么判断它是素数的.

又一次密码俱乐部活动时,彼得非常兴奋.

"你知道我读到什么吗? 普通人找到了新的素数.1978 年,两个高中生找到了新的梅森素数.在当时,那是已知的最大素数.这则新闻登上了纽约时报的头版.现在,人们可以参加'因特网梅森素数大搜索'(Great Internet Mersenne Prime Search)项目来寻找梅森素数.2005 年,这个项目的一位参与者找到了一个

7 816 230 位的梅森素数.

"这真是一个大数啊."蒂姆说,"我所知的最大的数是古戈尔 (googol),也就是 10^{100},写下来就是 1 后面跟着 100 个 0.古戈尔 是 101 位数,跟你说的这个梅森素数比,它真是太小了."

"让我惊讶的是,人们还在发现新的数学."艾比说,"我还以为 数学很久以前就已经研究完了呢."

艾比没有意识到,数学是一门变化着的学科,并不是几百年 前就已经研究透彻的学科.有一些数学家在研究分解因数的计算 机快速算法,有一些数学家则研究那些很早以前就提出来但至今 尚未解决的问题.例如,一个叫做克里斯蒂安·哥德巴赫 (Christian Goldbach)的人提出一个关于素数的命题:任一大于 2 的整数都可写成两个素数之和.这个命题被称为哥德巴赫猜想.例 如,8=3+5.虽然哥德巴赫猜想的表达很简洁,但没有人知道它是 真命题,还是假命题.

练习

11.(1)检验哥德巴赫猜想:选几个大于 2 的偶数,把它 们写成两个素数的和.(注意加数不可以为 1,因为 1 不是 素数.)

(2)找出一个数,使它可以写成多种形式的两个素数的和.

你知道吗?

因特网梅森素数大搜索

因特网梅森素数大搜索(简称 GIMPS 项目),是一个使用互联网上的免费专用软件,共同寻找梅森素数的志愿者项目.截至 2005 年,通过这一项目,人们已经发现了 8 个梅森素数,每一个素数发现的时候,都是当时世界上最大的素数.GIMPS 项目是由乔治·瓦特曼(George Waltmann)于 1997 年设立的.

GIMPS 项目的有趣之处在于,任何人都能参与.有时,你会看到整个学校都参与进来.你注册了该项目以后,就会收到一个程序,教你如何使用电脑来寻找素数.你可以在做别的事情的时候,比如睡觉的时候,在电脑中运行这个程序.当程序运行有成果的时候,电脑会通知你和 GIMPS 项目组.

2005 年 2 月,德国米歇尔费尔德(Michelfeld)的眼科医生马丁·诺瓦克(Martin Nowak)发现了当时最大的素数 $2^{25\,964\,951}-1$,这个数有 7 816 230 位.上一个大素数是在这个发现公布的一年之前,由乔舒·范德雷(Josh Findley)发现的.

第 *17* 节

幂运算

接下来,密码俱乐部的成员们打算探究一下模运算中的幂运算.蒂姆提醒大家,这个内容比想象的要复杂得多.他建议大家从化简下列式子开始.

$$m = 18^{23} \bmod 55.$$

"这很容易."杰斯说,"18 和 23 都不大,我用计算器就能轻松算出来."

但是,当计算器显示出如下计算结果时,他愣住了.

$$7.434\ 771\ 361\ 4\ \text{E}28.$$

这个结果是用科学记数法表示的,也就是 $7.434\ 771\ 361\ 4 \times 10^{28}$.为了把这个数表示成常规形式,杰斯把小数点向右移动了 28 位,并补上足够多的 0.最终,他得到如下的答案:

$$18^{23} = 74\ 347\ 713\ 614\ 000\ 000\ 000\ 000\ 000\ 000.$$

"这真是个大——数啊!"杰斯感叹道.计算器没有足够的屏幕空间来显示所有的数字,因此,它对计算结果四舍五入,保留 11

位有效数字.

丹又找来一台计算器.新计算器显示,18^{23}等于：

$$7.434\ 8 \quad 28.$$

丹找来的这台计算器也使用了科学记数法表示结果.但是它没有使用 E 作记号,而且只保留了 5 个有效数字.如果把小数点向右移动 28 位,并补上足够多的 0,那么丹的计算器的计算结果就是：

$$74\ 348\ 000\ 000\ 000\ 000\ 000\ 000\ 000\ 000.$$

这两台计算器都对计算结果四舍五入求近似值,因为这个计算结果的数位实在太多了,屏幕上放不下.这种近似计算用途广泛,但是在模运算中却不合适.

"这样的结果不管用."杰斯失望地说,"要化简一个数关于模 55 的值,我得先得到这个数的准确值,这样才能求出余数.近似值只告诉我这个数的范围,但它对模 55 的运算毫无帮助."

彼得没有听到这段对话的前半部分,但他听到大家都被难住了,他开始思考解决的办法.

"你遇到什么困难了?"彼得问.

"数太大了,算不出来."杰斯解释给他听.

"但你在做模运算啊,这些数都不大啊.在这道式子中,模是55,其他数不是都小于 55 吗?"彼得问道.

"是啊,刚开始算,举例就用了小一点的数.但是当我计算幂的时候,越乘越大,我都来不及化简."杰斯很沮丧.

"也许你可以先算一小部分,然后化简,这样它们就不会越长越大啦."彼得提出来建议.

这真是个好主意.大家马上就动手计算.

$18^1 = 18.$

$18^2 = 18 \times 18 = 324 \equiv 49 (\bmod 55).$

$18^3 = 18 \times 18^2 \cdots\cdots$ 此时用 49 代替 18^2

$\equiv 18 \times 49 (\bmod 55)$

$\equiv 882 (\bmod 55)$

$\equiv 2 (\bmod 55).$

$18^4 = 18 \times 18^3 \cdots\cdots$ 根据前面的结论,此时用 2 代替 18^3

$\equiv 18 \times 2 (\bmod 55)$

$\equiv 36 (\bmod 55).$

练习

1. 化简.

(1) $482^4 \bmod 1\,000.$　　(2) $357^5 \bmod 1\,000.$

(3) $993^5 \bmod 1\,000.$　　(4) $888^6 \bmod 1\,000.$

"好的,这样我们就可以一点一点地乘.但是,计算器上的指数键就派不上用场了.要计算 18^{23},我们就要乘 23 次吗? 那样很费事的啊."丹还是很沮丧.

"嗯,应该要乘 22 次,不过也费事."詹妮应和着,"如果指数更大了怎么办? 算起来更加费事了."

幂的计算有简便方法,就是把一些小的幂"混合"成大的幂.最简单的例子是,当指数是 2 的乘方时,如 2,4,8,16 等,要计算高次幂,只需重复地计算低次幂平方.例如,要计算 18^{16},你要先计算 18^2:

$18^2 \equiv 49 (\bmod\ 55)$……前文已经计算过了.

接下来,由 18^2 平方得到 18^4,并将 $18^2 \equiv 49 (\bmod\ 55)$ 代入:

$$18^4 = (18^2)^2$$
$$\equiv 49^2 (\bmod\ 55)$$
$$\equiv 2\ 401 (\bmod\ 55)$$
$$\equiv 36 (\bmod\ 55).$$

然后,由 18^4 平方,又能得到 18^8,并将 $18^4 \equiv 36 (\bmod\ 55)$ 代入:

$$18^8 = (18^4)^2$$
$$\equiv 36^2 (\bmod\ 55)$$
$$\equiv 1\ 296 (\bmod\ 55)$$
$$\equiv 31 (\bmod\ 55).$$

再将这个式子两边同时平方,得

$$18^{16} = (18^8)^2$$
$$\equiv 31^2 (\bmod\ 55)$$
$$\equiv 961 (\bmod\ 55)$$
$$\equiv 26 (\bmod\ 55).$$

仅仅通过 4 次乘法计算,我们就得到了 18^{16}.这个方法比逐次相乘要快得多.那样的话,要通过 15 次乘法计算,才能求出 18^{16}.

练习

●●●●

2.(1) 用重复平方的方法,要计算 $18^{32} \bmod 55$,需要几次乘法计算?

(2) 用逐次相乘的方法,要计算 $18^{32} \bmod 55$,需要几次乘法计算?

（3）用上面两种方法中步骤较少的那种方法，计算 18^{32} mod 55.（你可以利用本节中已有的计算结果）

3. 用重复平方的方法，化简下列各数.

（1）6^6 mod 26.

（2）3^8 mod 5.

（3）9^{16} mod 11.

（4）4^{16} mod 9.

"我同意重复平方的方法可以用于计算指数是 2 的乘方（如 2,4,8,16 等）的幂.那如果指数不是 2 的乘方呢？"杰斯问.

"我们可以把这样的指数和 2 的乘方指数联系在一起看."蒂姆说，"来看看 18^{10}."

$$18^{10} = \underbrace{18 \times 18 \times 18 \times 18 \times 18 \times 18 \times 18 \times 18}_{18^8} \times \underbrace{18 \times 18}_{18^2}$$

$$18^{10} = 18^8 \times 18^2.$$

"用重复平方的方法，我们能得到 $18^8 \equiv 31 \pmod{55}$ 和 $18^2 \equiv 49 \pmod{55}$.将这两个值代入，可以得到

$$18^{10} = 18^8 \times 18^2$$
$$\equiv 31 \times 49 \pmod{55}$$
$$\equiv 1\,519 \pmod{55}$$
$$\equiv 34 \pmod{55}.$$

"我们最终求的是 18^{23}."蒂姆说，"用重复平方的方法不能直接计算.但我们可以把 23 写成 16＋4＋2＋1 的形式（这些数都可以写成 2 的乘方的形式）.现在我们就可以把这些简单的运算

'混合'成我们想要的结果了."

$$18^{23} = 18^{16} \times 18^4 \times 18^2 \times 18^1$$
$$\equiv 26 \times 36 \times 49 \times 18 (\bmod 55)$$
$$\equiv 936 \times 49 \times 18 (\bmod 55).$$

易得 $936 \bmod 55 = 1$,则

$$18^{23} \equiv 1 \times 49 \times 18 (\bmod 55)$$
$$\equiv 882 (\bmod 55)$$
$$\equiv 2 (\bmod 55).$$

"哦,这个大数化简为 $2 \bmod 55$ 了."杰斯感慨极了.

蒂姆将刚刚的计算方法总结了一下:"如果我们在计算之前先想想有没有更好的方法,那么许多计算都会变得简单些."

练习

4. 用前文中已经计算的幂来化简下列各数.

(1) $18^6 \bmod 55$.

(2) $18^{12} \bmod 55$.

(3) $18^{20} \bmod 55$.

5. (1) 写出下列各数,并化简: $9^n \bmod 55$,当 $n=1,2,4,8,16$.

(2) 用第(1)题的结果化简 $9^{11} \bmod 55$.

(3) 用第(1)题的结果化简 $9^{24} \bmod 55$.

6. (1) 写出下列各数,并化简: $7^n \bmod 31$,当 $n=1,2,4,8,16$.

(2) 用第(1)题的结果化简 $7^{18} \bmod 31$.

(3) 用第(1)题的结果化简 $7^{28} \bmod 31$.

死人是不会泄密的

1993 年,一个档案保管员过世了.他负责保管超过 11 000 份挪威重要历史档案的电子备份.由于他生前没有告诉其他人打开档案目录的密码,因此这个资料库被锁死了.收藏这些档案的"Ivar Aasen"语言和文化中心的工作人员试图破译这个密码,但是他们失败了.于是,他们雇用了一些计算机专家,但专家们也失败了.

到了 2002 年,该语言和文化中心的主任在国家广播电台中呼吁,希望计算机黑客能够破解这个系统,找出密码.大约 25 000 名来自世界各地的高手响应了这个号召,其中一名幸运儿用了不到 1 小时的时间就完成了破译工作.这个密码,是过世保管员的姓,但是倒序的.

后来,语言和文化中心的工作人员就把他们的密码写在纸上,收藏在中心的保险箱中.

第 7 章

公共密钥密码系统

RSA 公共密钥加密算法

丹将去他的外祖母家住上几个星期,他计划着要给杰斯发很多电子邮件.

"如果你的信里有任何不想让我姐姐读到的信息,那么你最好把你发的信息转换成密文."杰斯说.

"但你怎么知道我使用的密钥呢? 我不能把密钥通过电子邮件给你,否则,她也会知道密钥的."丹说.

杰斯想了想,他意识到,对任何一个使用密码的人来说,如何传递密钥都是一个问题.如果间谍们能获取情报,那么他们同样也能获取密钥.携带重要信息的政府官员、商务人士和普通人要如何传递他们的密钥呢?

这是一个很重要的问题.直到 20 世纪 70 年代,如何传递密钥都是所有密码系统最基础的问题.到了 1975 年,威特菲尔德·迪菲(Whitfield Diffie)想出来一个办法,他的想法改变了整个密码体系,从此密钥不再需要保密.

在此之前,在至今为止我们所知的所有密码系统中,加密的密钥都是需要保密的.因为,一旦知道如何加密,就知道了如何解密.例如,你知道传递密码的人用加 3 来加密,你只需减去 3 就可以解密.迪菲意识到,如果有一种密码,它的解密密钥不能从加密密钥中推算出来,那么加密密钥也就无需保密了.

从加密密钥中很难找出解密密钥的密码系统叫做公共密钥密码系统.在这种系统中,加密密钥是公开的.公共密钥的想法初次公布时,无异于一场革命.但当时人们还没有设计出这样的密码系统.1977 年,罗纳德·李维斯特、阿迪·萨莫尔和伦纳德·艾得曼发明了 RSA 密码,才使这一设想得以实现,并沿用至今.

在 RSA 系统中,信息接收者自己选择加密密钥和相应的解密密钥.这和传统密码系统中发送者选择加密密钥,再告知接收者的情况不同.在 RSA 系统中,当接收者选定了密钥,他就可以把密钥记在一个像电话号码簿一样的目录中,这样谁都可以利用这些密钥向他发送信息,但只有接收者一人知道如何解密.

蒂姆对 RSA 加密算法做了一些研究,在接下来的密码俱乐部聚会时,他准备给朋友们讲讲 RSA 加密算法.

"要使用 RSA 加密算法,我们首先要制作一个加密密钥."蒂姆说,"我们需要两个素数 p 和 q,比如,我选 $p=5,q=11$."

素数越大,RSA 密码的保密性就越好.不过,蒂姆决定用小的素数讲解 RSA 密码的原理,直到大家都理解这个密码系统.

"我们还需要一个特别的数 e,"蒂姆说,"e 要和 $(p-1)(q-1)$ 互素."

$(5-1)\times(11-1)=4\times10=40$,7 与 40 互素,因此,蒂姆设定

$e=7$. 当然, 也可以选其他数作为 e 的值, 只要该数和 40 互素.

"密钥的第一部分是 p 和 q 的乘积, 这个数称为 n, $n=pq$. 在我们的例子中, $n=5\times11=55$. 数对 (n,e) 就是密钥, 在我们的例子中, 密钥就是 $(55,7)$." 蒂姆大声地宣布, "这就是我们的公共密钥, 谁都可以用它来向我们发送信息."

接着, 蒂姆解释怎样加密信息.

"要使用 RSA 密码, 你必须先把信息转换成数. 通过公共密钥 (n,e), 可以把一个数加密, 公式是

$$C=m^e \bmod n.$$

所以, 如果用我们的公共密钥 $(55,7)$, 就必须计算

$$C=m^7 \bmod 55."$$

蒂姆向他的朋友展示怎样给字母"j"加密. "首先, 你要把字母变成一个数," 他说, "就像我们以前做加密时一样." 蒂姆把"j"转换成数"9", "接下来, 你要计算

$$C=9^7 \bmod 55."$$

"我知道怎么算!"丹叫着.

$$"C=9^7 \bmod 55$$
$$=4\,782\,969 \bmod 55^{①}$$
$$=4."$$

"那么现在'j'就变成了'4', 对吗?"丹问道.

"对! 让我们总结一下吧!"蒂姆说.

---

① 英文版原书此处为 $4\,783\,969 \bmod 55$, 系笔误.——译者注

如何制作一个 RSA 加密密钥

- 选择两个素数 p,q, 使 $n=pq$.

- 选择一个数 e, 使 e 与 $(p-1)(q-1)$ 互素.

加密密钥就是数对 (n,e), 这个密钥被称为公共密钥.

如何用 RSA 密码加密

- 先把字母信息转换成数字信息.

- 用数对 (n,e) 给数字 m 加密, 具体计算公式为

$$C=m^e \bmod n.$$

注意

  把字母信息转换成数字信息可以有不同的方法. 通过密码俱乐部的活动, 蒂姆和朋友们都已经熟悉了 $a=0, b=1, c=2 \cdots \cdots$ 的转换方式, 因此, 他建议朋友们就用这种方式来转换. 但现实生活中, 使用 RSA 就是要确保密文信息不会被更复杂的手段破解, 因此人们会把字母分组并转换成一个多位数. 在这里, 为了演示方便, 我们沿用了蒂姆的转换方式.

练习

　　1. 用蒂姆的 RSA 公共密钥(55,7)将单词"fig"加密.(先将字母转成数字,$a=0,b=1,c=2$,依此类推)

　　"现在我们知道怎样用 RSA 密码加密了."丹说,"你是不是可以告诉我们怎么解密了?"

　　"那当然!"蒂姆说,"解密和加密的过程很相似,要解密 4,我们就要计算 4^d mod 55,d 就是我们的解码密钥."

　　"噢."艾比恍然大悟,"如果你不告诉我们 d 的值,我们就无法解密."

　　"对极了!"蒂姆说,"这就是 RSA 算法的迷人之处! 我告诉你我的加密密钥,这样你可以给我一组编码信息,但我自己知道解密密钥.这样,除了我之外,没有人能破译你发给我的信息.不过,既然我已经展示了怎么用 RSA 密码,我也会向大家展示怎样找到 d."

　　"我的公共密钥是 $(n,e)=(55,7)$."蒂姆解释道,"要求 d,我们就要知道 $n=55$ 的因数,$p=5,q=11$;我们还需要知道 $e=7$.那么,d 就是 $e\bmod(p-1)(q-1)$ 的倒数.记住! 倒数 d 满足

$$ed\equiv 1(\bmod\ (p-1)(q-1)).$$

　　"这看上去很复杂啊!"艾比说道.

　　"当你把数代入就不显得那么复杂了."蒂姆很肯定地说,"我们把 e,p,q 的值代入,就得到了

$$7d \equiv 1 (\mathrm{mod}\ (p-1)(q-1))$$
$$\equiv 1 (\mathrm{mod}\ 4 \times 10)$$
$$\equiv 1 (\mathrm{mod}\ 40)."$$

"这样,我们只要找到一个数,这个数和7的积与1关于模40同余,对吗?"艾比问.

"对极了!"蒂姆说.

他们开始找满足等式的数.他们决定从较小的数开始尝试,直到最后找到那个正确的数.

$$7 \times 1 = 7.$$
$$7 \times 2 = 14.$$
$$\cdots\cdots$$
$$7 \times 6 = 42 \equiv 2 (\mathrm{mod}\ 40).$$
$$7 \times 7 = 49 \equiv 9 (\mathrm{mod}\ 40).$$
$$7 \times 8 = 56 \equiv 16 (\mathrm{mod}\ 40).$$
$$\cdots\cdots$$
$$7 \times 22 = 154 \equiv 34 (\mathrm{mod}\ 40).$$
$$7 \times 23 = 161 \equiv 1 (\mathrm{mod}\ 40).$$

最终,他们找到了 $d = 23$.(蒂姆想知道是否有更简便的方法找到 d 的值,不过,他觉得还是晚点再考虑这个问题好了)

蒂姆的公共密钥是 $(55,7)$,他的私人密钥(解密密钥)是 $d = 23$.要解密以公共密钥加密过的信息"4",就必须计算 $m = 4^{23}\ \mathrm{mod}\ 55$.

对于计算器来说,这个数太大,也太复杂.蒂姆通过重复平方的方法进行简便计算,并利用化简以尽量避免出现计算困难.最后,他得到了答案: $4^{23}\ \mathrm{mod}\ 55 = 9$.

"看到了吧!"蒂姆说,"把4解密得到数9,而9对应的字母是j,就是我们一开始选的明文字母."

让我们总结一下.

如何找到 RSA 中的解密密钥

• 如果加密密钥是(n,e),$n=pq$,那么解密密钥(也叫私人密钥)就是满足下列条件的数 d:

$$ed\equiv1\ (\mathrm{mod}\ (p-1)(q-1)).$$

换句话说,d 是 $e\ \mathrm{mod}\ (p-1)(q-1)$的倒数.

如何用 RSA 解密

• 用 RSA 加密密钥(n,e)和 d 给 C 解密,计算公式是:

$$m=C^d\ \mathrm{mod}\ n.$$

练习

2. 复习:证明 $4^{23}\ \mathrm{mod}\ 55=9$.

3. 丹用蒂姆的公共密钥$(55,7)$加密了一个单词,得到了数字 $4,0,8$.请你用蒂姆的解密密钥 $d=23$ 来解密并写出丹加密的单词.(提示:你可以用练习 2 的结果)

"解密公式和加密公式看上去很像啊!"艾比有点迷惑.

"的确有点像."蒂姆说,"它们都要进行幂运算和关于模的化简.不过,如果知道解密密钥,解密一点都不比加密难."

"那为什么其他人不能解密呢?"伊薇问.

"因为别人不知道 d 的值."蒂姆提醒道,"别人甚至不知道我选的素数 p 和 q,因为我只告诉他们 p 和 q 的积.公共密钥 (n,e) 是公开的,但 p 和 q 是绝对不会公开的.p 和 q 的保密至关重要,否则别人就能算出 d 的值."

"但是,人们不能通过对 n 进行分解因数而得到 p 和 q 吗?"丹问道.

"或许有人能吧!"蒂姆表示同意,"我们举的例子 $n=55$ 是很容易分解因数的,但是,如果 p 和 q 足够大,就很难分解了,这样 p 和 q 也就能保密了."

蒂姆说得对.分解因数有时候是很难的.比起在正式的 RSA 密码中使用的数,我们举例用的数实在是太渺小了.为保证信息安全,有的人会使用超过 200 位的素数.这样大的素数及它们的乘积都是天文数字.

要把这个天文数字分解因数,恐怕要花费上千年的时间.这样,信息也就安全了.不过,当计算机的计算速度越来越快,以及新的分解因数方法的发现,也许有一天,这样的天文数字也能在较短的时间内被分解.到那时,RSA 密码就不再是安全的密码系统了.不过,那时的人们说不定已经想出其他的密码系统了.

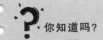

你知道吗?

密码的现代用途

30 年前,密码的重要用途还是局限在军事和外交上.战争中的一方破译了对方的秘密情报从而赢得了某个战役,某些国家的领导人之间也需要在避免被第三国领导人知晓的情况下交流,这样的密码应用的例子不胜枚举.

今天,密码在普通人的生活中也变得重要起来.比如,在银行的 ATM 机上、在手机上,以及在互联网上,为了确保信用卡卡号等重要信息能够安全传输,都应用了密码.尽管使用者未必会意识到这一点,因为计算机会自动加密发出的信息,但密码对每位使用者的重要性毋庸置疑.

密码不仅用于给信息加密,也用于使信息接收者确信是谁发出了信息.如果一个人从银行中取款,那么银行必须有办法判断取款的人是不是账户的主人.在这种情况下,银行验证客户身份的能力要比将信息加密的能力更重要.密码学的另一个应用是在电子邮件上.如果发送私密邮件,这些邮件在发送前就可以被计算机加密,而不需要发送者每次都自己加密.

第 *19* 节

再谈模运算中的倒数

"RSA 加密算法的相关知识,我们都已经知道了吧?"伊薇问道.

"好像还没有."詹妮说,"为了找到解密密钥,我们要求出关于模的倒数,这一步不太容易.让我们再多学一些这方面的计算方法吧!"

"我们在做乘法密码时,不是已经学会求关于模 26 的倒数了吗?"艾比觉得这些计算看上去都差不多.

"是的!"詹妮说,"不过,为了使用 RSA 密码,我们得求关于不同的模的倒数,而不仅仅是关于模 26 的."

"我知道有个网站可以帮助我们计算模运算的倒数."蒂姆说,"我们可以一直用这个网站,不过,也许我们能学着自己计算倒数."

如何在模运算中找倒数

孩子们回顾了关于倒数的知识:

如果 $ed=1$,那么 e 的倒数就是 d.

在常规算术中,你可以很容易地找到一个数的倒数.比如,5 的倒数是 $\frac{1}{5}$,因为 $5\times\frac{1}{5}=1$.但模运算中不存在分数,这样求倒数也就困难了.

"让我们试着求 5 关于模 7 的倒数吧!"詹妮建议.

"我们只能用数 $0,1,2,3,4,5,6$ 进行关于模 7 的运算.如果这 6 个数中的某个数满足 $5d\equiv1(\bmod 7)$,那么这个数就是 5 关于模 7 的倒数."

"5 的倒数肯定不为 0,因为 $5\times0=0$.(实际上,0 不能做任何一个数的倒数,因为任何数乘 0 都等于 0)同样,倒数也不可能是 1,因为 $5\times1=5$.因此,让我们看看其他数相乘的情况吧!

$$5\times2=10\equiv3(\bmod 7).$$
$$5\times3=15\equiv1(\bmod 7).$$

"5×3 的积与 1 关于模 7 同余,所以,3 就是我们要求的倒数."

在模运算中,并不是所有的数都会有倒数.实际上,

如果某个数关于模 n 的倒数存在,那么这个数与 n 互素.

"让我们再试着求出 5 关于模 18 的倒数吧!"杰斯说.

"既然那些存在关于模 n 的倒数的数与 18 互素,那么这个数只能是 $1,5,7,11,13$ 和 17.我们只要检验这些数就能找到倒数.倒数不可能是 1,因为 $5\times1=5$.我们把其他数的计算结果列出来:

$$5\times5=25\equiv7(\bmod 18).$$
$$5\times7=35\equiv17(\bmod 18).$$
$$5\times11=55\equiv1(\bmod 18).$$"

"因此,11 就是我们要求的倒数.我们只要试几个数就能把倒

数找出来."

"这倒是蛮有趣的!"詹妮说,"我们把 7 关于模 180 的倒数也找出来吧!"

詹妮开始找倒数 d.由于 d 满足公式 $7d \equiv 1 \pmod{180}$,詹妮列出了所有与 180 互素的数,并求出它们与 7 的乘积.

因为 $180 = 2^2 \times 3^2 \times 5$,所有与 180 互素的、小于 180 的数就不能被 2,3 或 5 整除,所以备选的数有 1,7,11,13,17,19,23,29,31,37,41,43,47,53,59,61,67,71,73,77 等.詹妮打算试遍所有的数,直到找到正确的那一个为止.

$$7 \times 7 = 49,$$
$$7 \times 11 = 77,$$
$$7 \times 13 = 91,$$
$$7 \times 17 = 119,$$
$$7 \times 19 = 133,$$
$$7 \times 23 = 161,$$
$$7 \times 29 = 203 \equiv 23 \pmod{180},$$
$$7 \times 31 = 217 \equiv 37 \pmod{180},$$
$$\cdots\cdots$$

伊薇觉得詹妮的方法太费时了,所以她试着找更快的方法.

与其先求出所有可能的数和 7 的积,再来判断积是否和 1 关于模 180 同余,不如先列出和 1 关于模 180 同余的数,再来检查这些数中是否有 7 的倍数.

与 1 关于模 180 同余的数有:

$180 + 1 = 181 \cdots\cdots 181$ 不能被 7 整除,所以 181 不可能是 $7d$ 的结果.

$2 \times 180 + 1 = 361 \cdots \cdots 361$ 同样不能被 7 整除,同理,排除 361.

$3 \times 180 + 1 = 541 \cdots \cdots 541$ 不能被 7 整除,排除 541.

$4 \times 180 + 1 = 721 \cdots \cdots 721$ 除以 7 得到 103,因此 $7 \times 103 \equiv 1 (\mathrm{mod}\ 180)$,即 103 就是我们要找的 7 关于模 180 的倒数.

詹妮和伊薇分别展示了模运算中求一个数倒数的两种不同方法.还有一种更直接的求倒数方法,叫做扩展欧几里得算法(又称辗转相除法).不过,对于比较小的数,詹妮或伊薇的试误的方法已经够了.

练习

1. 判断下列各数是否存在关于模的倒数.如果存在,请用詹妮或伊薇的方法把倒数求出来.

(1) 10,模 13.　　　　　　(2) 10,模 15.

(3) 7,模 21.　　　　　　　(4) 7,模 18.

(5) 11,模 24.　　　　　　 (6) 11,模 22.

2. 求出下列各数关于模的倒数.

(1) 11,模 180.　　　　　　(2) 9,模 100.

(3) 7,模 150.

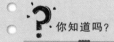 **你知道吗?**

杰弗逊和麦迪逊:密钥在哪儿呢?

你有没有忘记重要事情的时候? 也许,你会忘了把家庭作业带到学校,或者你把要带回家的东西忘在了学校.不仅仅是你会这样,詹姆斯·麦迪逊(James Medison,美国第四任总统)有一次忘了带密码本,以至于无法解读托马斯·杰弗逊(美国第三任总统)留给他的秘密信息.

美国独立战争后,政要们需要一种在彼此之间传递秘密信息的方法.1781年,美国外交事务秘书罗伯特·利文斯顿(Robert A.Livingsto)印了一张表格,表格的一面是数1到1 700,另一面是传递信息时可能会使用的单词和音节.政府行政人员可以利用这张表轻松地将单词转换成数进行编码,密钥就是这张给出数和单词对应关系的表格.

从1785年开始,麦迪逊和杰弗逊就约好了用某一种编码来互通消息,这种编码至少使用到1793年.1793年,麦迪逊在度假期间接到了杰弗逊写给他的一封半加密电报.

"我们已经全体一致地决定130······,如果他们没有510······到636,你很容易能想到这件事的后果,不过145······而15······"

要理解这封电报,麦迪逊要做的就是拿出密钥,把所有的数转换成单词.直到此时,麦迪逊才发现他把密钥忘在了费城.

第 20 节

传递 RSA 信息

"我们已经练得够多了."詹妮说,"让我们选择一个 RSA 密钥开始传递信息吧!"

"我们先把每个人的公共密钥做成目录."丽拉说,"这样,我们彼此之间就可以任意传递消息了.我们把公共密钥的目录贴在信息板上."

 游戏

(1) 每个小组选择一组 RSA 密钥:加密密钥和相匹配的解密密钥.设计密钥的步骤简述如下(详见第 18 节):

- 素数 p 和 q.
- 数 e,满足条件:与 $(p-1)(q-1)$ 互素.
- 数 d,满足条件:$ed \equiv 1 (\mod (p-1)(q-1))$.(换言之,$d$ 是 e 关于模 $(p-1)(q-1)$ 的倒数)

（2）各组分别在黑板上写下自己的加密密钥,同时,保管好各自的解密密钥.

（3）为检验加密密钥和解密密钥,每一组都用另一组的加密密钥加密一小段信息给对方,另一组用解密密钥把密文翻译成明文.

提示:设计密钥

• 根据 p 和 q,可以选择不同的 e,只要它和 $(p-1)(q-1)$ 没有公因数即可.不过,不管你选的 e 是几,你都得找到与之相匹配的解密密钥 d.如果 d 很难求出,你可以给 e 选另一个值.

• 先选择较小的素数（小于 20）,当你想让信息更安全时,再换比较大的素数.

在实际生活中,使用 RSA 密码非常费时,如果用它来传递大量的信息就不太现实.因此,在商业应用中,有时不是把全部的信息都用 RSA 密码加密,而只是对关键词加密,然后,用另一个不同的、相对较快的密码加密信息.

丹准备给蒂姆发送一条信息.他用维热纳尔密码加密,使用的加密关键词是 CRYPTO.为了不给出多余的线索,丹把信息中的空格全都去掉了.不过,蒂姆不知道丹要传信息给他,因此他不知道丹的维热纳尔密码用了哪个关键词.

丹要把关键词告诉蒂姆,因此,他找出蒂姆在俱乐部的密钥目录中留下的公共密钥,然后用 RSA 算法和蒂姆留下的公共密钥加密了关键词.

首先,丹给字母赋值,$a=0,b=1,c=2$,依此类推.这样,关键词 CRYPTO 就转为数 2,17,24,15,19,14.

接着,丹用蒂姆的公共密钥(55,7)加密这些数,加密方法是对于数 m,求 $m^7 \bmod 55$.

丹的计算结果如下:

$$2^7 \bmod 55 = 128 \bmod 55 = 18,$$
$$17^7 \bmod 55 = 410\ 338\ 673 \bmod 55 = 8,$$
$$24^7 \bmod 55 = 4\ 586\ 471\ 424 \bmod 55 = 29,$$
$$15^7 \bmod 55 = 170\ 859\ 375 \bmod 55 = 5,$$
$$19^7 \bmod 55 = 893\ 871\ 739 \bmod 55 = 24,$$
$$14^7 \bmod 55 = 105\ 413\ 504 \bmod 55 = 9.$$

这样,丹就把 CRYTPO 加密成:18,8,29,5,24,9.

他给蒂姆这样一张便条.

蒂姆:
　　这是一条维热纳尔密码的信息. 我用你的 RSA 公共密钥加密了关键词, 加密后的数是: 18, 8, 29, 5, 24, 9. 用你的 RSA 解密密钥找出关键词, 再用关键词解密下面这条维热纳尔密码信息.

KWWDNQCEPTTRVYGHMVGEWDNOTVTT
KMFVRTKAKECS. PSJRTTESCILTWONF
RHBBEVRWXTKIQIWOANCHMOTKCSES
CILXGUCSMJMQTPNIHUTRNWR.

丹

当蒂姆收到丹的信息后,他用解密密钥 $d=23$ 来获得关键词,解密方法是对于丹的每一个数 C,求 $C^{23} \bmod 55$.

丹发送的第一个密码数是 $C=18$,所以蒂姆要计算 18^{23} mod 55.对计算器来说,这个数太大了,很难计算,因此蒂姆不能像丹那样用计算器来计算.幸运的是,蒂姆已经知道 18^{23} mod 55$=2$(见第 17 节).使用重复平方法,蒂姆算出了其他数:

$$8^{23} \bmod 55 = 17,$$
$$29^{23} \bmod 55 = 24,$$
$$5^{23} \bmod 55 = 15,$$
$$24^{23} \bmod 55 = 19,$$
$$9^{23} \bmod 55 = 14.$$

这样,蒂姆就知道丹的关键词对应的数是 2,17,24,15,19,14,把这些数转换成字母就得到了 CRYPTO.接着,蒂姆用维热纳尔密码表解密了丹给他的信息.

蒂姆回复了丹的便条,也用维热纳尔密码加密了信息.

"和丹一样,我也用 RSA 密码对我的维热纳尔密码关键词进行了加密."蒂姆找出了丹留下的公共密钥 $(n,e)=(221,77)$,用这个密钥加密了关键词后,也给丹回复了一张便条.

丹:

　　这是我的回复, 也是一条维热纳尔密码的信息.我用你的 RSA 公共密钥加密了关键词,我得到的数是: 32,209,165,140. 你知道怎么处理的,呵呵!

ACXETSUMIVW.

MCAGIVSUQKBHHCBGTTCXHVCR.

蒂姆

练习

1. 用丹的关键词 CRYPTO,解密他给蒂姆的信息.

2.(1) 丹的解密密钥 $d = 5$.用这个数找出蒂姆的关键词.

(2) 用你在(1)题中找到的关键词,解密蒂姆给丹的信息.

3. 将 RSA 加密算法和维热纳尔加密法相结合.

(1) 选一个关键词,用维热纳尔加密法加密信息.

(2) 把维热纳尔关键词用 RSA 密码加密,你想把信息发送给谁,就用谁的 RSA 公共密钥.

(3) 让收到信息的人用 RSA 解密密钥找出关键词,并破译整条信息.

提示

如果你要传递的信息较长,或者你想使用模运算计算器,那么你可以使用密码俱乐部网站上的工具.

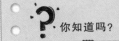　你知道吗?

英国的公共密钥密码

1976 年,独立密码爱好者威特菲尔德·迪菲联合斯坦福大学教授马丁·赫尔曼（Martin Hellman）发明了公共密钥密码.这是一项伟大的成就.实际上,这个密码被认为是 20 世纪密码学上最重要的发现.一年之后,麻省理工学院（MIT）的罗纳德·李维斯特、阿迪·萨莫尔和伦纳德·艾得曼发明了 RSA 公共密钥加密算法.这是第一个使迪菲–赫尔曼的想法得以落实的算法体系.上述学者都发表了自己的工作成果,并被誉为密码学界的超级巨星.但是,故事远没有结束.

　　当政府部门发明新的密码系统时,这些工作通常是保密的.所有成果都不会公开出版,研究者也极少受到公众的关注,公共密钥密码系统的研究就是其中一例.根据英国政府公布的资料,早在 20 世纪 70 年代初期,在英国政府通讯总部（Government Communications Headquarters,简称 GCHQ）工作的詹姆斯·埃利斯（James Ellis）、马尔科姆·威廉逊（Malcolm Williamson）和克利福德·科克斯（Clifford Cocks）就已经发明了公共密钥加密算法,比美国人要早好几年.但是,没有人知道这一切,因为他们的工作是保密的.在 1975 年之前,埃利斯、威廉逊和科克斯就已经发现了公共密钥密码的所有要素,包括 RSA 密钥,但是他们必须保持沉默,看着迪菲、赫尔曼、李维斯特、萨莫尔和艾德曼把他们已经发现的东西再发现一遍.直到 1997 年——当时詹姆斯·埃利斯已经去世一个月了——英国政府才打破沉默,把他们的工作公之于众.

幸运的是,美国人发现了公共密钥密码,虽然他们不是最早发现的.因为他们不为任何政府工作,所以他们可以自由地把自己的发现昭告天下.这就使得在网络上进行私人交流成为可能,无论是商人还是平民.不幸的是,对于最早发现该密码的英国专家,他们等待了几十年才得到公众对他们的赞誉,而这一切是他们作出这项重要发现所应得的.

译后记

翻译此书，深深地被既神秘又平凡的密码学所吸引.说其神秘，是因为无论电视剧还是现实生活，经常接触密码，但以前从未如此深入地思考过密码的原理；说其平凡，是因为读了此书以后才发现原来密码的原理是用这些简单的数学知识就能说清楚的.

本书由希格玛工作室翻译，具体参与本书翻译的工作室成员有(按姓名拼音顺序)：陈洪杰、刘祖希、蒋徐巍、余海峰、詹传玲、张莹莹、赵海燕.

由于中美文化差异，并受限于译者的语言文化积累，本书中的一些语句，特别是谜语以及答案，自觉有若干难以完全理解之处.在译者能力范围所及之内，本着"信、达、雅"的追求，将答案破译后，对照着答案理顺谜面的翻译.但由于经验有限，欠妥之处在所难免，欢迎批评指正.

附录一 密码条和维热纳尔密码表

密码条

a	b	c	d	e	f	g	h	i	j	k	l	m	n	o	p	q	r	s	t	u	v	w	x	y	z
0	1	2	3	4	5	6	7	8	9	10	11	12	13	14	15	16	17	18	19	20	21	22	23	24	25

维热纳尔密码表

	a	b	c	d	e	f	g	h	i	j	k	l	m	n	o	p	q	r	s	t	u	v	w	x	y	z
0	A	B	C	D	E	F	G	H	I	J	K	L	M	N	O	P	Q	R	S	T	U	V	W	X	Y	Z
1	B	C	D	E	F	G	H	I	J	K	L	M	N	O	P	Q	R	S	T	U	V	W	X	Y	Z	A
2	C	D	E	F	G	H	I	J	K	L	M	N	O	P	Q	R	S	T	U	V	W	X	Y	Z	A	B
3	D	E	F	G	H	I	J	K	L	M	N	O	P	Q	R	S	T	U	V	W	X	Y	Z	A	B	C
4	E	F	G	H	I	J	K	L	M	N	O	P	Q	R	S	T	U	V	W	X	Y	Z	A	B	C	D
5	F	G	H	I	J	K	L	M	N	O	P	Q	R	S	T	U	V	W	X	Y	Z	A	B	C	D	E
6	G	H	I	J	K	L	M	N	O	P	Q	R	S	T	U	V	W	X	Y	Z	A	B	C	D	E	F
7	H	I	J	K	L	M	N	O	P	Q	R	S	T	U	V	W	X	Y	Z	A	B	C	D	E	F	G
8	I	J	K	L	M	N	O	P	Q	R	S	T	U	V	W	X	Y	Z	A	B	C	D	E	F	G	H
9	J	K	L	M	N	O	P	Q	R	S	T	U	V	W	X	Y	Z	A	B	C	D	E	F	G	H	I
10	K	L	M	N	O	P	Q	R	S	T	U	V	W	X	Y	Z	A	B	C	D	E	F	G	H	I	J
11	L	M	N	O	P	Q	R	S	T	U	V	W	X	Y	Z	A	B	C	D	E	F	G	H	I	J	K
12	M	N	O	P	Q	R	S	T	U	V	W	X	Y	Z	A	B	C	D	E	F	G	H	I	J	K	L
13	N	O	P	Q	R	S	T	U	V	W	X	Y	Z	A	B	C	D	E	F	G	H	I	J	K	L	M
14	O	P	Q	R	S	T	U	V	W	X	Y	Z	A	B	C	D	E	F	G	H	I	J	K	L	M	N
15	P	Q	R	S	T	U	V	W	X	Y	Z	A	B	C	D	E	F	G	H	I	J	K	L	M	N	O
16	Q	R	S	T	U	V	W	X	Y	Z	A	B	C	D	E	F	G	H	I	J	K	L	M	N	O	P
17	R	S	T	U	V	W	X	Y	Z	A	B	C	D	E	F	G	H	I	J	K	L	M	N	O	P	Q
18	S	T	U	V	W	X	Y	Z	A	B	C	D	E	F	G	H	I	J	K	L	M	N	O	P	Q	R
19	T	U	V	W	X	Y	Z	A	B	C	D	E	F	G	H	I	J	K	L	M	N	O	P	Q	R	S
20	U	V	W	X	Y	Z	A	B	C	D	E	F	G	H	I	J	K	L	M	N	O	P	Q	R	S	T
21	V	W	X	Y	Z	A	B	C	D	E	F	G	H	I	J	K	L	M	N	O	P	Q	R	S	T	U
22	W	X	Y	Z	A	B	C	D	E	F	G	H	I	J	K	L	M	N	O	P	Q	R	S	T	U	V
23	X	Y	Z	A	B	C	D	E	F	G	H	I	J	K	L	M	N	O	P	Q	R	S	T	U	V	W
24	Y	Z	A	B	C	D	E	F	G	H	I	J	K	L	M	N	O	P	Q	R	S	T	U	V	W	X
25	Z	A	B	C	D	E	F	G	H	I	J	K	L	M	N	O	P	Q	R	S	T	U	V	W	X	Y

附录二　制作密码盘

　　将下方的两个圆片剪下,并用图钉或其他工具将其固定在一起.注意,图钉要穿过这两个圆片的圆心,否则不方便密码盘的使用.

　　提示:为了密码盘牢固、使用方便,可以将这两个圆先贴在海报或者纸板上再裁剪.

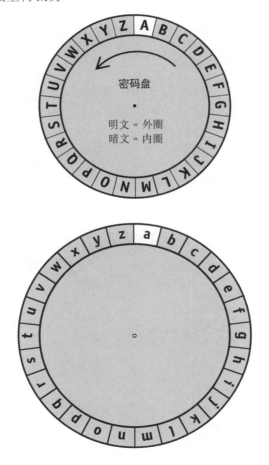